/ VOIR LES SCIENCES

Les grandes constructions

PIERRE KOHLER

BBC FLEURUS
fleurusvoir.com

Texte : Pierre Kohler
Conception graphique de la collection : Studio Bosson
Packaging éditorial et graphique : Sarbacane Design, Anne Thomas-Belli et Guillaume Arduré
Contribution rédactionnelle : Correctif

Film *La Grande Pyramide* : BBC
Prémastering : DVD Maker

Direction éditoriale : Christophe Savouré
Direction du développement : Nicolas Ragonneau
Direction de création : Laurent Quellet
Direction artistique : Armelle Riva, Catherine Enault
Édition : Elodie Lépine
Fabrication : Thierry Dubus et Aurélie Lacombe

© 2007 Groupe Fleurus
15-27, rue Moussorgski, 75018 Paris
Dépôt légal : mars 2009
ISBN : 978-2-215-05448-1
3ᵉ édition - N° d'édition : M 09035 - mars 2009

Photogravure : Colorway
Achevé d'imprimer sur les presses de l'imprimerie Proost (Belgique).
Loi n° 49-956 du 16 juillet 1949 sur les publications destinées à la jeunesse.

Petit mode d'emploi...

Un **texte introductif** ouvre la double page sur le thème abordé.

Des **légendes** permettent de replacer les documents dans leur contexte.

Des **photos** et des **dessins** illustrent les différents aspects des grandes constructions.

Des **encadrés** proposent un éclairage particulier sur un thème précis.

Une **frise**, déroulée sur l'ensemble du livre, apporte des informations anecdotiques en rapport avec la double page.

🔴 Les photos portant le logo 📀 sont extraites du DVD *La Grande Pyramide*.

🟠 L'astérisque (*) signale les mots expliqués dans le **lexique** lors de leur première apparition sur une double page.

🔵 Les **pictogrammes** de la frise aident à identifier la nature de l'information :

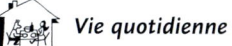

- *Chiffres et records*
- *Culture*
- *Affaires militaires*
- *Futur*
- *Vie quotidienne*
- *Sculptures et statues*
- *Inventions*
- *Économie et commerce*
- *Techniques et styles d'architecture*
- *Religion*

Sommaire

- 6   Des défis considérables
- 8   De grands constructeurs
- 10   Les Sept Merveilles du monde
- 12   Les mégalithes
- 14   Les tombeaux  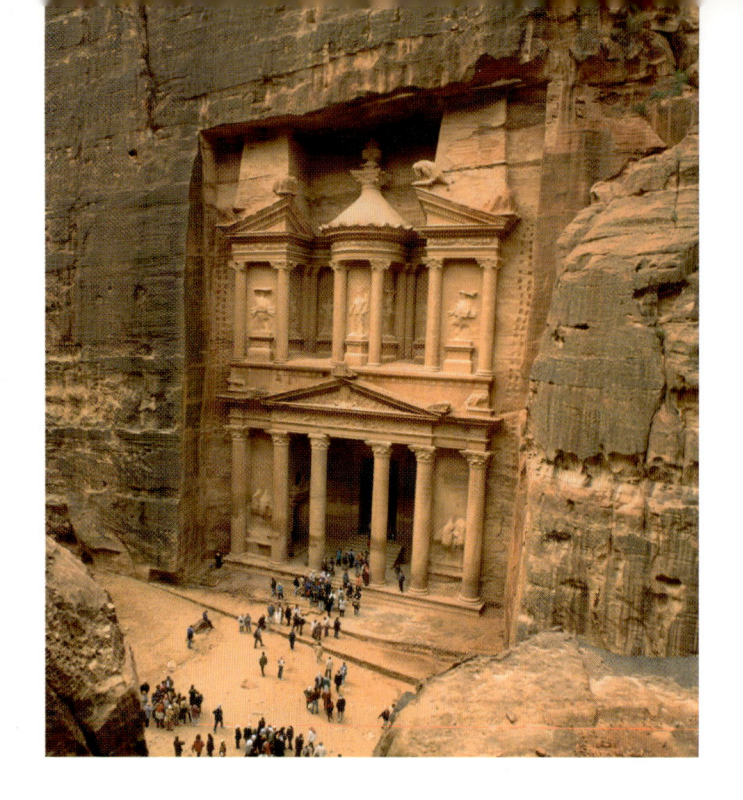
- 16   Les obélisques et les grandes statues
- 18   Les arcs de triomphe
- 20   Les temples antiques
- 22   Les églises et les abbayes
- 24   Les mosquées
- 26   Le palais de Topkapi
- 28   Les grandes voies
- 30   Les aqueducs et les viaducs
- 32   Les grands ponts
- 34   Les canaux et les villes à canaux
- 36   Les grands ports
- 38   Les tunnels
- 40   Les métros

42	Les phares
44	Les observatoires astronomiques
46	Les barrages
48	Les centrales électriques
50	Les plates-formes offshore
52	Les lieux de spectacle
54	Les grands musées
56	Les forts et les villes fortifiées
58	Les murs et les fortifications
60	Le Krak des chevaliers
62	Des demeures de prestige
64	Des villes extraordinaires
66	La ville de Leptis Magna
68	Les tours et les gratte-ciel
70	Entre terre et mer
72	La conquête des océans
74	Construire dans l'espace
76	Lexique
78	Index
80	Références iconographiques

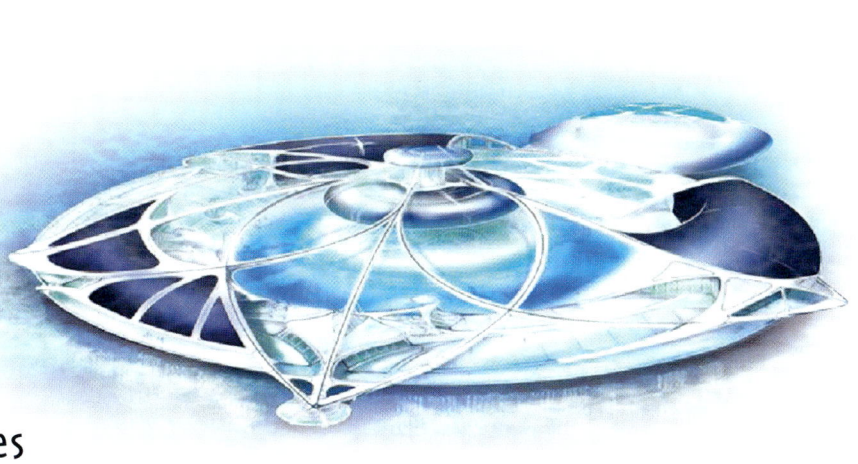

Des défis considérables

Les grandes constructions jalonnent l'histoire de l'humanité et certaines gardent leur mystère. Bien après la fin des civilisations qui les ont vu naître, elles s'imposent comme la mémoire du génie inventif des peuples. Des plus anciennes aux plus récentes, elles étonnent non seulement par leur ampleur, mais aussi par le travail et les défis qu'elles ont suscités.

On a pu, dès le Moyen Âge, hisser les pierres avec une poulie et une corde munie d'une griffe.

● Les points communs

Plusieurs critères, souvent liés, définissent une grande construction. Celui de la taille : les pyramides de Guizeh en Égypte, par exemple (*voir DVD et p. 10 et 14*), s'imposent par leur gigantisme. Celui de la prouesse technique, qui autorise des architectures audacieuses et sans précédent, tels l'immense coupole de Sainte-Sophie, à Istanbul (ancienne Constantinople) en Turquie (*voir p. 24*), ou certains gratte-ciel dont la structure s'élève toujours plus et s'allège pour dégager de vastes surfaces vitrées. Celui de la fonction : les grands monuments ont souvent pour vocation de glorifier une divinité, un dirigeant, le génie créateur d'un architecte, ou encore d'affirmer un pouvoir et le prestige qui lui est associé.

● Comment construire ?

À l'origine, on ne connaissait que la force musculaire, humaine ou animale. Une main-d'œuvre abondante était nécessaire, et c'est pourquoi esclaves, prisonniers et citoyens étaient réquisitionnés. En Égypte, des agriculteurs contraints à l'inaction lors des crues du Nil étaient mis à contribution pour creuser des canaux ou élever des pyramides. Au fil du temps, des inventions telles que la roue, la poulie* (*illustration ci-dessus*) ou le levier* ont permis de décupler cette énergie. Avec l'invention de la machine à vapeur, au XVIIIe siècle, puis de l'électricité, au XIXe siècle, on a disposé de puissances mécaniques supérieures. De nos jours, les technologies de pointe accroissent encore ces capacités.

Sur le chantier de la grande pyramide de Khéops, des hommes extraient les pierres de la carrière.

Un gros bloc de pierre a été posé sur un traîneau en bois pour faciliter son transport.

Sur la rampe menant à la pyramide, les hommes tirent leur lourde charge au moyen de cordages.

Avec les pierres des pyramides de Guizeh (Égypte), on pourrait construire un mur haut de 3 m tout autour de la France. On a aussi calculé que, pour les transporter, 7 000 trains chargés chacun de 1 000 t seraient nécessaires.

Les premiers peuples de la Mésopotamie, 2 500 ans avant notre ère, ont inventé la brique crue parce qu'ils ne disposaient ni de bois ni de pierre en abondance.

Avec quels matériaux ?

Outre le bois, les premiers matériaux de construction ont été le torchis, mélange fragile de paille hachée et de terre grasse, et le pisé, amalgame de ces mêmes ingrédients et de cailloux. L'édification de murs par empilement d'éléments de taille identique fut un progrès, surtout avec l'apparition de la brique crue, faite d'argile ou de boue sableuse, moulée et séchée au soleil. On a ensuite employé la pierre, taillée dans du calcaire, du marbre ou du granit ; on l'ajustait avec plus de précision que la brique. On utilisait des petits blocs (moellons), collés entre eux par un mortier (*voir en bas de page*). Ce n'est qu'au XIXe siècle que sont apparus dans les constructions la fonte, le fer et l'acier, puis, au XXe siècle, le verre.

Un ouvrier travaille à l'assemblage de poutrelles sur le chantier d'un gratte-ciel à New York. À l'arrière-plan, on voit le Chrysler Building.

Bloc de calcaire et cheville en bois.

Empilement de pierres.

Torchis inséré entre des poutres.

Façade en brique.

Surface en verre.

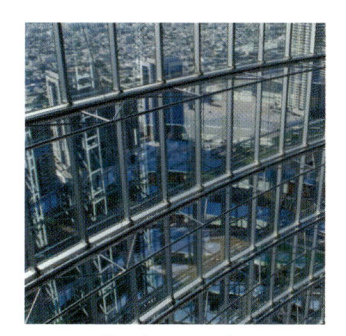

Ossature en acier.

Des fonctions qui évoluent

Dans la plus haute Antiquité, la fonction des monuments était d'honorer les dieux. À Rome, on édifiait des arcs de triomphe après d'éclatantes victoires afin de célébrer les généraux. Au Moyen Âge, en Europe, les cathédrales célébraient la gloire de Dieu et symbolisaient la montée de la prière vers le ciel, tandis que l'architecture des châteaux était dictée par la nécessité pour les rois et les seigneurs de protéger leurs domaines tout en témoignant de leur puissance politique, militaire et économique. Plus tard, lorsque l'évolution des techniques de guerre rendit les forteresses inutiles, les souverains se firent bâtir de somptueuses demeures. Les grands travaux ont aussi pour but de créer des équipements techniques ou urbains (ponts, canaux, viaducs, centrales électriques, métros...) destinés à améliorer la vie quotidienne.

À GRANDS IDÉAUX LOURDES PERTES

Certains grands chantiers furent très coûteux en vies humaines du fait des conditions de travail, des accidents ou des épidémies. Au début du XVIIIe siècle, pour avoir voulu créer de toutes pièces la ville de Saint-Pétersbourg (Russie) sur une zone de marécages insalubres, le tsar Pierre le Grand provoqua la mort de 150 000 ouvriers. Sur un million et demi d'Égyptiens ayant œuvré au percement du canal de Suez, à la fin du XIXe siècle, 125 000 sont morts, surtout à cause du choléra.

Les Étrusques ont découvert le principe du mortier en mélangeant de la chaux, du sable et de l'argile. Plus tard, les Romains ont inventé un ciment capable de durcir sous l'eau en incorporant des cendres volcaniques ou de la brique pilée au mortier traditionnel.

Dans l'Antiquité, en Mésopotamie notamment (Irak et Iran actuels), les citoyens soumis à la corvée travaillaient à l'irrigation des cultures et à la construction de villes, de temples et de palais.

De grands constructeurs

Illustres ou peu connus, architectes, savants ou ingénieurs, les grands constructeurs possèdent un savoir-faire hors norme et des secrets parfois jalousement gardés. Des bâtisseurs de pyramides ou de cathédrales aux adeptes de la haute technologie*, tous ont œuvré à partir des matériaux et des connaissances de leur époque, et chacun a livré sa propre conception de la société.

Gustave Eiffel mène ici des expériences sur la résistance des matériaux.

● Les visionnaires

Le peintre, ingénieur et architecte italien **Léonard de Vinci** (1452-1519) s'est intéressé aux travaux de génie civil*. Il a conçu de nombeuses machines ainsi que des projets destinés aux ponts et aux voies navigables.

En France, l'écrivain **Jules Verne** (1828-1905) s'est passionné pour les sciences. Dans ses romans, il a imaginé des engins exploitant les techniques et les énergies de son temps afin d'emmener l'homme dans l'espace ou dans les fonds marins.

L'ingénieur et savant français **Gustave Eiffel** (1832-1923) a donné toute leur ampleur aux constructions à charpente métallique, ouvrant la voie à l'édification des gratte-ciel américains. Il n'est pas seulement l'auteur de la tour qui porte son nom ; on lui doit aussi le viaduc de Garabit (*voir p. 30*), le pont-canal de Briare, l'ossature de la statue de la Liberté à New York (*voir p. 17*)...

Eugène Freyssinet (1879-1962), ingénieur des ponts et chaussées français, a débuté sa carrière en 1905, en plein développement du chemin de fer et de l'automobile. Il a inventé le béton dit "précontraint", qui peut s'allonger ou fléchir sans rompre, ce qui a permis la construction du pont de Normandie (*voir p. 32*).

Léonard de Vinci a inventé au XVIe siècle un pont mobile très perfectionné pouvant se relever pour permettre le passage des navires.

● Les grands innovateurs

Le premier architecte connu, l'Égyptien **Imhotep**, dessina pour le pharaon Djoser la pyramide à degrés de Saqqarah (*voir p. 14*) en 2686 avant J.-C. (*voir DVD*).

Au XVIe siècle, **Sinan** fut nommé architecte en chef de l'Empire ottoman. Si Istanbul (Turquie) lui doit sa plus belle mosquée, la Süleymaniye, c'est à Edirne (autre ville de Turquie) que se trouve la mosquée Selimiye, qui regorge d'innovations architecturales.

Le Catalan **Antonio Gaudí** (1852-1926) s'est inspiré de l'art gothique* pour concevoir, en 1883, la cathédrale (inachevée) de la Sagrada Familia à Barcelone (Espagne).

L'architecte américain d'origine allemande **Mies van der Rohe** (1886-1969), héritier du Bauhaus – un courant artistique né en Allemagne en 1919 qui a beaucoup influencé l'architecture et le design modernes –, a réalisé, notamment à Chicago (*voir p. 69*), des constructions majeures du XXe siècle : des immeubles aux volumes très simples dotés d'ossatures en acier et de façades en verre.

Le Français d'origine suisse **Le Corbusier** (1887-1965) a initié un type d'habitat qui fait la part belle au béton, matériau résistant et souple, créant des formes courbes ou à angles droits sur lesquelles joue la lumière.

En 1516, Léonard de Vinci fut invité en France à la demande de François Ier avec le titre de premier peintre, ingénieur et architecte du roi. Il transforma le château d'Amboise en une élégante demeure avec jardins à l'italienne et dessina les plans du château de Chambord (*voir p. 62*).

Tout au long de sa vie, qui dura presque cent ans et se déroula sous le règne de trois sultans, Sinan (1489-1588) réalisa au moins 474 édifices, dont 110 grandes mosquées et 15 ponts ou aqueducs.

● Les nouvelles tendances

Les Britanniques **Richard Rogers** et **Norman Foster** se sont spécialisés dans l'architecture de haute technologie. Le premier, associé à l'Italien **Renzo Piano**, a conçu le Centre Pompidou à Paris (*voir p. 54*). Le second a réalisé la coupole du Reichstag à Berlin et l'hôtel de ville de Londres – ouvrages dans lesquels le verre domine –, ainsi que le viaduc de Millau (*voir p. 31*), en France. Le Français **Jean Nouvel**, qui appartient au même courant, intègre parfois à ses œuvres l'élément végétal, comme dans le musée du quai Branly, à Paris.

L'Américain **Frank Gehry** conçoit ses édifices comme des sculptures qu'il modélise à l'aide d'un progiciel issu de l'aéronautique ; il emploie des matériaux originaux, comme le titane qui revêt le musée Guggenheim de Bilbao (*voir p. 54*). Le Danois **Johan Otto von Spreckelsen** (1927-1989) est l'auteur de la Grande Arche de la Défense, à Paris, gigantesque cube évidé en marbre, béton, verre et acier, à l'intérieur duquel pourrait tenir la cathédrale Notre-Dame de Paris.

Avec la Sagrada Familia, Antonio Gaudí a inventé un style original inspiré des formes de la nature.

L'hôtel de ville de Londres, proche du célèbre "Tower Bridge", a été conçu par Norman Foster comme une sphère de verre déformée.

Le Corbusier a inventé l'unité d'habitation pour résoudre les problèmes de logement de l'après-guerre, tout en proposant une nouvelle organisation de la cité. Il s'agit d'immeubles aux lignes simples qui, telle la Cité Radieuse de Marseille (1952), comportent des logements, des commerces, et même une école et une piscine.

À Berlin et à Londres, l'emploi d'un matériau transparent comme le verre dans les réalisations de Norman Foster exprime symboliquement le droit de regard des citoyens sur les débats politiques de leurs élus.

Les Sept Merveilles du monde

Selon la liste établie au IIIe siècle avant J.-C. par Philon de Byzance en fonction des critères de beauté, de grandeur et de prouesse technique, elles étaient considérées comme les édifices les plus remarquables de tout le monde antique. Seule la pyramide de Khéops, en Égypte, est encore visible.

La statue de Zeus à Olympie ①
Afin d'honorer Zeus, dieu suprême des Grecs pour lequel on inventa les Jeux olympiques, un temple fut construit, vers 450 avant J.-C., à Olympie (Grèce). Au centre se tenait une statue colossale du dieu, haute de 13 m, œuvre du sculpteur Phidias. Les cheveux, la barbe, le vêtement et les sandales étaient en or, la peau en ivoire et le trône, d'ivoire et d'ébène, était serti de pierres précieuses. Par la suite, cette statue fut transportée à Constantinople, où elle fut détruite dans un incendie en 462 de notre ère.

Les jardins suspendus de Babylone ②
Ces fabuleux jardins (dont l'existence est incertaine) auraient été aménagés, six siècles avant J.-C., par le roi Nabuchodonosor II pour son épouse. On les situe à Babylone (Irak actuel), ville qui s'étendait le long du fleuve Euphrate. Ils se composaient d'étages en terrasses où poussait, grâce à un ingénieux système d'irrigation, une végétation luxuriante formée de toutes sortes d'arbres et de fleurs qui cachaient la structure ; on avait ainsi l'impression que ces jardins flottaient sans support, d'où leur nom de "jardins suspendus".

La grande pyramide de Khéops ③
Édifiée dès 2480 avant J.-C. sous le règne du pharaon Khéops, c'est la plus ancienne des trois grandes pyramides et la seule à être considérée comme une Merveille. Située, avec ses voisines Khéphren et Mykérinos, sur le plateau de Guizeh, près du Caire (Égypte), elle renfermait le tombeau du pharaon (voir DVD, chap. 3 et 5). La construction de cette gigantesque pyramide – 230 m de côté et 146 m de haut – nécessita le concours de dizaines de milliers d'ouvriers (voir DVD).

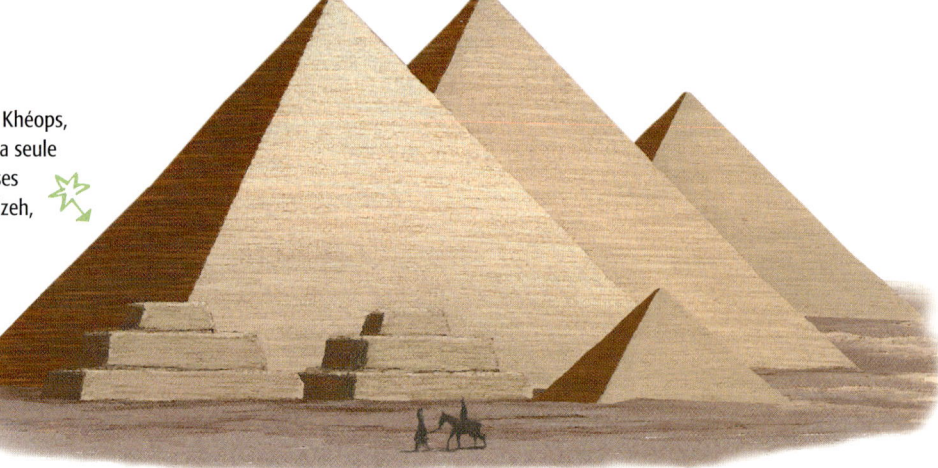

La grande pyramide de Khéops (Égypte) compte 5 millions de blocs de pierre pesant chacun 2,5 t en moyenne et pouvant atteindre 70 t pour les plus gros ! Elle a été construite en près de 20 ans ; on ne sait toujours pas exactement de quelle manière.

Le nom du roi Mausole a donné le mot "mausolée", qui désigne un type d'édifice funéraire monumental et somptueusement décoré.

Le mausolée d'Halicarnasse ⑤
Au IVᵉ siècle avant J.-C., l'épouse de Mausole, roi d'Halicarnasse (actuelle Bodrum, Turquie), lui fit construire un tombeau haut de 45 m, d'une beauté exceptionnelle. Un séisme le détruisit au XIVᵉ siècle. Au siècle suivant, les chevaliers de l'Ordre de Malte construisirent avec ses pierres une forteresse que l'on peut encore voir à Bodrum.

Le temple d'Artémis à Éphèse ④
Au VIᵉ siècle avant J.-C., pour rivaliser avec sa voisine Samos, la ville d'Éphèse (actuelle Turquie) éleva un temple à Artémis, déesse de la Nature et de la Chasse. Long de 115 m, large de 55 m, doté d'une double rangée de colonnes hautes de 18 m et orné de superbes sculptures, il fut détruit et rebâti plusieurs fois ; puis ses pierres servirent à la construction de Sainte-Sophie, à Constantinople.

Le colosse de Rhodes ⑦
On suppose que cette gigantesque statue en bronze mesurait plus de 32 m de haut et qu'elle se dressait sur deux socles en marbre à l'entrée du port de Rhodes, une île de la Grèce. À l'époque, Rhodes s'était révoltée contre ce pays en faisant alliance avec le roi Ptolémée Iᵉʳ d'Égypte. Sortie victorieuse du conflit, elle érigea ce colosse, dont la construction dura 12 ans (jusqu'en 282 avant J.-C.). À la suite d'un séisme, la statue se brisa, puis s'effondra. Au milieu du VIIᵉ siècle après J.-C., les Arabes en ont récupéré les fragments.

Le phare d'Alexandrie ⑥
(voir p. 42-43)

Dans les ruines du temple d'Éphèse (Turquie), les archéologues ont trouvé des monnaies d'électrum (alliage d'or et d'argent) considérées comme les premières pièces de monnaie fabriquées au monde.

Le sculpteur français Frédéric Auguste Bartholdi s'est inspiré du colosse de Rhodes pour dessiner la célèbre statue de la Liberté. Il en existe plusieurs versions, dont une à New York (inaugurée en 1886 et mesurant 46 m de haut) et une autre à Paris.

Les mégalithes

Ils constituent les plus anciens monuments de l'humanité. Ils sont apparus en Europe au néolithique, ou âge de la pierre polie, entre 4500 et 1500 avant J.-C. Certains forment des temples colossaux, d'autres des ensembles de pierres levées (menhirs). Ces énormes blocs de granit avaient sans doute une vocation religieuse et scientifique.

● Des avenues de menhirs à Carnac

Carnac, en Bretagne, est le plus grand ensemble de mégalithes du monde : il comprend trois sites (4000 à 2000 avant J.-C.) totalisant plus de 3 000 menhirs disposés en trois grands alignements de plusieurs kilomètres de long. Le site d'origine devait, lui, en posséder près de 10 000. Le fait que certains menhirs isolés soient percés d'un trou laisse supposer qu'ils servaient, comme à Stonehenge (*voir p. 13*), à des observations astronomiques. On pense que l'agencement de ces pierres levées, par hauteur décroissante et selon des axes précis, correspondait au lever du Soleil à certains moments de l'année.

Les alignements de menhirs de Carnac étaient sans doute utilisés pour effectuer des calculs astronomiques et servir de cadre à des rituels religieux.

Le terme de "mégalithe", qui désigne une pierre géante, provient des mots grecs mega, "grand", et lithos, "pierre". Quant au mot "menhir", il est d'origine celtique et signifie "pierre longue".

Au néolithique, avec la naissance de l'agriculture, les populations ont commencé à se fixer. Les hommes, de plus en plus attachés à leurs terres, ont alors développé de nouvelles formes de croyance dont témoignent les mégalithes.

Des mégalithes très anciens

À Malte, une île de la Méditerranée, se trouvent des sites mégalithiques parmi les plus anciens du monde. Trois localités, Tarxien, Mnajdra et Hagar Qim, possèdent des temples édifiés entre 3 400 et 2 800 ans avant J.-C. et probablement dédiés à la déesse de la Fertilité ; on y a retrouvé, dans des salles décorées de bas-reliefs*, des autels de différentes formes.

MENHIRS ET RITES CELTES

Les Gaulois, des Celtes, se sont installés en Gaule vers 800 avant J.-C. Comme l'illustre cette gravure du XIXe siècle, leurs prêtres, les druides, ont pu récupérer des monuments mégalithiques afin d'y accomplir des rituels sacrés. Selon la légende, Carnac aurait constitué l'un des lieux de leurs assemblées générales.

On voit ici les vestiges des trois temples du site de Mnajdra, à Malte, remarquablement préservés grâce à leur enceinte en calcaire corallien.

Les cercles de Stonehenge

Au sud-ouest de l'Angleterre, le cromlech – du breton *crom*, "rond", et *lech*, "pierre" – de Stonehenge est un ensemble de mégalithes disposés en cercles concentriques. Sa fonction autant que sa construction restent mystérieuses. On suppose qu'il s'agissait d'un lieu de culte, ou peut-être aussi, d'après la disposition des pierres, d'un observatoire astronomique permettant de calculer et de prévoir les périodes de solstice et les éclipses. Quant aux pierres, dont certaines pèsent 50 t, elles ont pu être tractées grâce à des cordages et des rondins de bois, puis hissées au moyen de leviers*.

Le cromlech de Stonehenge est constitué de trilithes disposés en cercle.*

Pour se faire une idée de la période de construction des monuments anciens, on évalue leur teneur en carbone 14, un élément radioactif. On a ainsi découvert que Stonehenge (Angleterre) a été construit en quatre phases, probablement entre 3100 et 1600 avant J.-C., avec des pierres d'origines diverses.*

On ignore qui furent les bâtisseurs de Stonehenge, mais ils devaient être d'une grande habileté car ils ont réussi à ajuster les pierres horizontales (linteaux) à l'aide de tenons et de mortaises*, de manière à ce qu'elles s'emboîtent parfaitement sur les piliers.*

Les tombeaux

Les plus anciens tombeaux royaux sont sans doute les pyramides, bâties par des pharaons en quête d'éternité. D'autres souverains, tels ceux de Pétra ou le concepteur du Taj Mahal, ont immortalisé leur souvenir sous forme d'édifices grandioses, dont la réalisation a consommé les revenus de leur royaume et l'énergie de leur peuple.

● Des pyramides qui défient le temps

L'histoire de ces monuments débute avec le pharaon Djoser et son architecte Imhotep, auxquels on doit, en 2540 avant J.-C., la pyramide à degrés de Saqqarah, (*photo ci-contre*) faite d'un empilement de six mastabas de taille décroissante. Khéops, qui régna de 2589 à 2565 avant J.-C., fit élever la première pyramide lisse à Guizeh, près de l'actuelle ville du Caire. Haute de 146 m, elle est l'une des Sept Merveilles du monde (*voir p. 10*). Au cœur du monument, des couloirs mènent à la chambre funéraire du pharaon et à celle de la reine (*voir DVD, chap. 3 et 5*). Les pyramides voisines, édifiées pour les pharaons Khéphren et Mykérinos, avaient à peu près la même disposition intérieure. Comment les blocs de pierre ont-ils pu être acheminés, puis hissés si haut ? Les recherches se poursuivent mais, selon l'hypothèse la plus plausible, on pense qu'ils étaient tirés à main d'homme sur des rondins de bois ou disposés sur des traîneaux dont les patins étaient humidifiés. Puis les blocs étaient montés au moyen d'appareils de levage ou le long d'une rampe accolée à la pyramide (*voir DVD*).

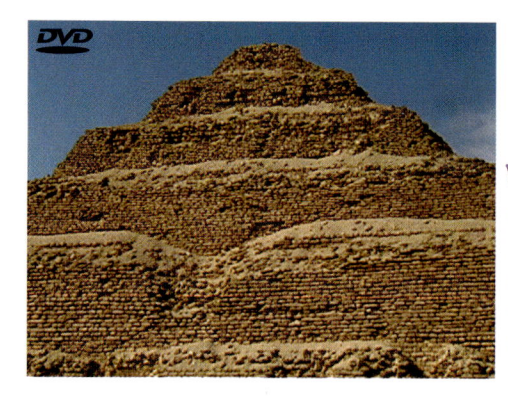

La pyramide à degrés de Saqqarah est le premier édifice réalisé avec des pierres taillées et assemblées.

Si le mastaba ① possède une chambre funéraire souterraine, la pyramide ②, elle, abrite le tombeau du pharaon en son centre.

De gauche à droite : Khéops, Khéphren, qui porte à son sommet un reste de revêtement calcaire, et Mykérinos, la plus petite des trois pyramides.

Les poutres en cèdre utilisées pour la chambre de Khéops (Égypte), dans la grande pyramide, pesaient plus de 10 t chacune – 60 t pour la plus lourde – et provenaient sans doute du Liban.

Occupé par les Romains, conquis par les Arabes, puis par les croisés, le site de Pétra (Jordanie) fut ensuite délaissé. Il n'a été redécouvert qu'en 1812 par un voyageur suisse.

On prétend que l'architecte du Taj Mahal, en Inde, aurait été décapité sur ordre de l'empereur Chah Djahan, afin qu'il ne puisse pas reproduire ailleurs ce prodige d'architecture.

● Des joyaux sertis dans le roc

À Pétra (Jordanie actuelle), quelque 600 tombeaux et temples ont été sculptés dans la paroi de la montagne. Cette ville était la capitale des Nabatéens, peuple venu du nord de l'Arabie pour s'y installer au Ve siècle avant J.-C. Pétra entretenait d'étroites relations avec la ville d'Alexandrie, qui fut sous domination grecque avant d'être occupée par les Romains. C'est ce qui explique l'aspect gréco-romain des édifices de Pétra, revêtus de marbre et de stuc* et parés de colonnes, dont les chapiteaux* sont d'ordre* corinthien. On y voit encore des encoches pratiquées dans le roc, qui servaient à accrocher les échafaudages*.

● Le mausolée de l'amour

Le Taj Mahal, ou palais de la Couronne, est situé à Agra, dans le nord de l'Inde. Il est né de l'amour que l'empereur moghol Chah Djahan (qui régna au XVIIe siècle) portait à son épouse, morte en couches. Chah Djahan apaisa son chagrin par la construction de ce mausolée, qui mobilisa pendant 16 ans 20 000 ouvriers et artisans. Le marbre blanc, employé en abondance, fut extrait d'une carrière distante de 150 km, puis transporté à dos d'éléphant ; 28 sortes de pierres précieuses ont été employées pour composer les motifs insérés dans le marbre. Au bout d'une allée arborée se trouve un grand bassin dans lequel se reflètent, en une symétrie parfaite, les formes très élégantes de cet édifice unique au monde.

TOUT LE MONDE AU TRAVAIL !

Pour édifier les pyramides de Guizeh, on fit appel à toutes les professions : architectes, astronomes, géomètres, géographes, spécialistes des matériaux, sculpteurs, ébénistes, tailleurs de pierre et même médecins, prêtres et scribes, ces derniers tenant à jour les plans et documents.

Symbole de la grandeur et du mystère de Pétra, ce tombeau royal a été construit entre le Ier siècle avant J.-C. et le IIe siècle après J.-C.

Le dôme central du Taj Mahal (Inde) est entouré par quatre minarets, ces tours du haut desquelles se fait l'appel à la prière, légèrement inclinés vers l'extérieur ; ainsi, en cas de tremblement de terre, ils peuvent s'écrouler sans abîmer le monument.

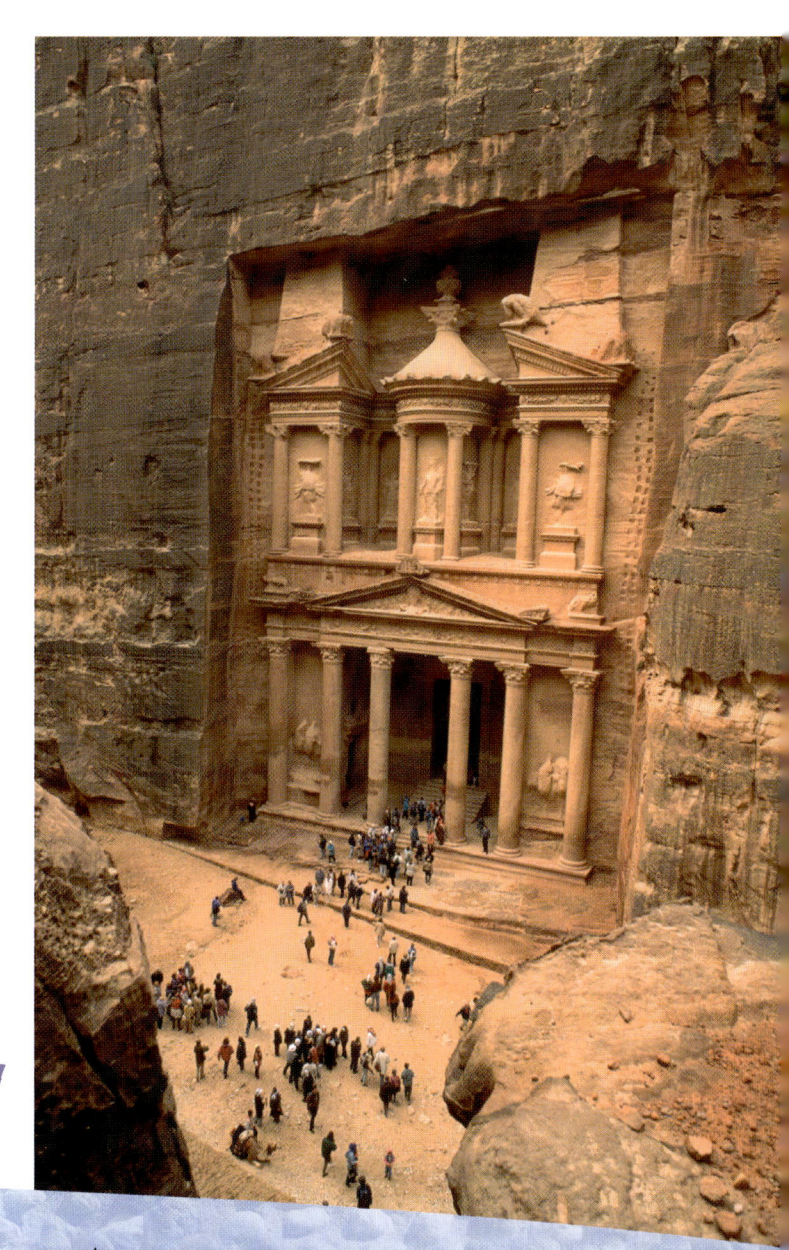

Le Panthéon de Paris était à l'origine une église, édifiée au XVIIIe siècle par Soufflot. La Révolution française l'a transformée en un mausolée des grands hommes de la nation. Y sont enterrés Voltaire, Rousseau, Victor Hugo, Émile Zola, Pierre et Marie Curie, Malraux, Jean Moulin...

Les obélisques et les grandes statues

Les obélisques, apparus sous le règne de pharaons à l'apogée de leur pouvoir, symbolisaient l'élan vers le divin ou le sacré. Dans d'autres cultures anciennes, la fonction des statues était de représenter et d'honorer les dieux ou de hauts personnages divinisés. Avec l'ère moderne, cet aspect religieux a souvent été remplacé par des valeurs laïques.

Le culte du Soleil

Les obélisques sont des pierres levées formées d'un seul bloc. Ils ont été érigés de 2500 à 1100 avant J.-C. à Thèbes (Louxor et Karnak actuelles), en Égypte. Ils pouvaient mesurer jusqu'à 30 m et peser plus de 400 t. Composés d'un piédestal et d'un fût carré surmonté d'un pyramidion (pointe en forme de pyramide), ils étaient gravés de hiéroglyphes. Le plus souvent dressés par paires devant les temples, ils symbolisaient notamment les rayons du Soleil. Le pyramidion était recouvert d'un alliage d'or et d'argent (électrum) censé capter l'énergie de l'astre.

L'art de construire les obélisques

Les obélisques étaient extraits des carrières de granit rose d'Assouan. Les ouvriers aplanissaient une première face, puis délimitaient le monument par des tranchées. Pour détacher la face inférieure, soit ils foraient des tunnels sous le monument en le calant au fur et à mesure avec des pierres, soit ils glissaient dans des entailles des morceaux de bois qui, arrosées d'eau, gonflaient et faisaient exploser la roche. Puis l'obélisque était transporté d'une pièce en barge sur le Nil jusqu'à son site, où il était allongé en haut d'une rampe remplie de sable. Des trappes laissaient alors s'écouler le sable et il se redressait en douceur.

L'entrée du temple de Louxor était gardée par deux obélisques. Un seul est toujours en place, le second orne la place de la Concorde à Paris.

L'obélisque de la place de la Concorde, à Paris, provient de Louxor et fut offert par l'Égypte en 1830. On construisit un bateau spécial pour son transport ; il n'arriva dans la capitale qu'au bout d'un long périple, d'abord sur le Nil, puis en mer et sur la Seine. Les Parisiens durent attendre 1836 pour pouvoir l'admirer.

L'Asie est riche en statues monumentales dédiées au fondateur du bouddhisme. En Corée du Sud, la grotte de Sokkuram abrite un immense bouddha en granit réalisé au VIIe siècle. Au Sri Lanka, le site du Gal Vihara présente un groupe de trois bouddhas sculptés aux XIIe-XIIIe siècles dans une paroi rocheuse.

Les énigmes de l'île de Pâques

Isolées dans le Pacifique, à 4 000 km de Tahiti, 288 statues, ou *moai*, semblent monter la garde sur le pourtour de l'île de Pâques, la face tournée vers l'intérieur des terres. Elles ont été taillées dans la paroi d'un cratère avec des outils en pierre, mais nul ne sait comment ces géantes, dont certaines mesurent jusqu'à 20 m de haut et pèsent plusieurs dizaines de tonnes, ont pu être transportées sur leur site, puis redressées. L'île, découverte le jour de Pâques de l'an 1722, offre d'autres énigmes : on a retrouvé des *moai* à l'état d'ébauche ou en attente d'être transportées. Une catastrophe naturelle se serait-elle produite, entraînant l'abandon précipité des statues ?

LA LIBERTÉ ÉCLAIRANT LE MONDE

À New York se dresse la statue de la Liberté, offerte par la France aux États-Unis en 1886. Toute de cuivre martelé, elle est l'œuvre du sculpteur français Frédéric Auguste Bartholdi, auquel Gustave Eiffel (voir p. 8) apporta son concours pour la charpente métallique. Elle est ancrée dans son socle grâce à un pylône central qui lui permet de résister aux vents. La flamme de sa torche est recouverte de feuilles d'or.

Les statues en basalte de l'île de Pâques, dans le Pacifique, étaient toutes dotées à l'origine d'un chapeau en pierre rouge et d'yeux en os.

Les têtes colossales olmèques

Dans la région du golfe du Mexique se trouvent des têtes colossales issues de la civilisation olmèque, qui connut son apogée entre l'an 1200 et l'an 600 avant J.-C. Taillées dans le basalte et pesant dans les 25 t, ces puissantes têtes sculptées portent toutes un casque. On pense qu'il s'agit de portraits de dignitaires ou d'ancêtres.

Certaines de ces sculptures olmèques monumentales peuvent atteindre 3,40 m de haut.

À San Agustín, au sud-ouest de la Colombie, on a retrouvé dans des tombes des statues taillées dans la roche volcanique pouvant mesurer jusqu'à 1,50 m de haut. Édifiées entre le Ier et le IXe siècle après J.-C., elles présentent des visages mi-humains, mi-animaux et esquissent parfois un sourire.

Haute de 46 m (93 m avec son socle) et pesant 225 t, la statue de la Liberté (États-Unis) est la plus grande sculpture jamais réalisée. Sa tête peut contenir 40 personnes et l'index de sa main droite mesure à lui seul 2,40 m de long.

Les arcs de triomphe

Les arcs de triomphe ont été édifiés par les Romains, dès 196 avant J.-C., pour célébrer les conquêtes militaires de l'Empire. La plupart se dressaient sur la prestigieuse Voie sacrée (Rome), où les empereurs défilaient avec leur armée et leurs prisonniers jusqu'au temple de Jupiter Optimus Maximus.

QUAND ROME DOMINAIT LE MONDE

Sur le fronton des arcs de Titus et de Constantin, comme sur beaucoup d'édifices de l'Antiquité romaine, on trouve l'inscription S.P.Q.R. : c'est l'abrégé de *Senatus PopulusQue Romanus*, qui signifie "le Sénat et le Peuple romain". Ces deux entités étaient considérées comme les garantes de la légitimité de l'Empire romain.

Arc de Marc Aurèle (Tripoli, Libye)
Édifié en 163 après J.-C. en l'honneur des empereurs Marc Aurèle et Lucius Verus, victorieux des Parthes, cet arc en marbre est le seul héritage que la ville ait conservé de son passé sous domination romaine.

À LA GLOIRE DES HOMMES DE GUERRE

L'idée d'un arc triomphal comme symbole d'une domination militaire et politique a souvent été reprise. Ainsi, à Berlin en Allemagne, la porte de Brandebourg (1788-1791), emblème de la grandeur prussienne, servit de cadre aux imposants défilés nazis sous la dictature hitlérienne.

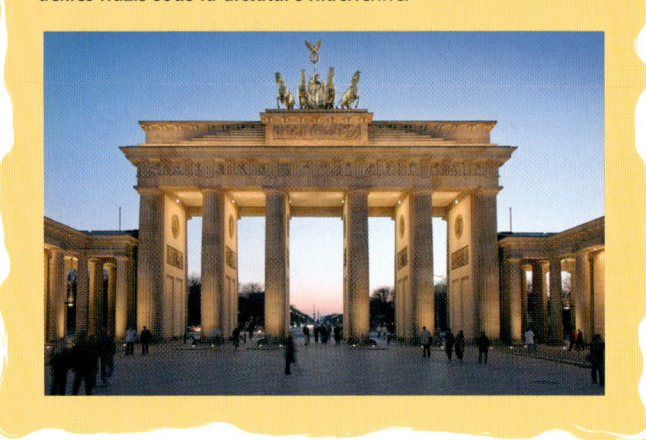

Arc de Titus (Rome, Italie)
Cet arc de 15 m de côté a été construit près du Colisée (*voir p. 52*) vers l'an 80 après J.-C. À l'origine, ses piliers étaient revêtus d'un marbre blanc provenant de Grèce. Les bas-reliefs* situés sous la voûte représentent l'empereur Vespasien et son fils Titus : en 70 de notre ère, ces derniers s'emparèrent de Jérusalem, ville alors tenue par les Juifs.

Les arcs de triomphe possèdent soit une ouverture unique, soit une grande arcade centrale pour le passage des chevaux ainsi que deux arcades latérales communiquant parfois avec l'arcade principale, qui sont plus étroites et que les piétons peuvent emprunter.

Le Gaulois Obélix déclare sans cesse : « Ils sont fous, ces Romains ! » Dans la version italienne de la BD, cette phrase, qui devient « Sono pazzi questi Romani ! », constitue un clin d'œil à l'inscription latine S.P.Q.R., souvent reproduite sur les arcs de triomphe pour célébrer la suprématie de l'Empire romain.

Arc de Septime Sévère (Rome, Italie)
Cet arc imposant en marbre (21 m de haut et 23 m de côté) fut élevé en 203 après J.-C. sur le forum de la ville. Il célébrait la conquête de la Mésopotamie, prise aux Parthes par l'empereur Septime Sévère et ses fils Geta et Caracalla. L'arc du Carrousel, à Paris, en est une imitation.

Arc de Constantin (Rome, Italie)
Situé entre le Colisée et le mont Palatin sur la Voie triomphale (*Via triumphalis*), c'est le plus grand (25 m de haut et 26 m de côté) et le plus richement orné de tous les arcs de triomphe romains ; ce fut aussi le dernier. Érigé en 316 de notre ère, il célébrait la victoire de l'empereur Constantin Ier le Grand sur son rival Maxence. La partie inférieure est en marbre blanc, tandis que la partie supérieure est faite de briques recouvertes d'un placage de marbre.

Invention typiquement romaine, l'arc de triomphe permettait de raconter les conquêtes de l'Empire en images et en mots. Ainsi, sur la façade de l'arc de Constantin, figure cette dédicace en latin : « Au très grand empereur Constantin qui, grâce à l'inspiration des dieux, a vengé la République des tyrans. »

L'arc de triomphe de la place de l'Étoile, à Paris, a été commandé par Napoléon en 1806 pour commémorer ses victoires. Au XXe siècle, Paris s'est doté d'une version moderne de ce type de monument, La Grande Arche de la Défense (voir p. 9), qui se dresse parmi les gratte-ciel du quartier d'affaires.

Les temples antiques

Certaines constructions grandioses ont été entreprises à la gloire des dieux par des souverains qui pensaient ainsi s'assurer leur protection et se garantir l'immortalité.

● Deir el-Bahari, le temple du désert

Près de Thèbes (Égypte), un gigantesque temple funéraire fut édifié vers 1500 avant J.-C. en l'honneur d'Amon-Rê, principal dieu des Égyptiens, et surtout à la gloire de la reine Hatchepsout, première femme à s'être autoproclamée pharaon. Deux rampes monumentales conduisent aux trois niveaux de terrasses bordées de colonnes aux lignes épurées. Le dernier niveau abrite une chapelle dédiée à Anubis, dieu des Morts, et à Hathor, déesse de la Joie et de l'Amour.

Le temple de la reine Hatchepsout, à Deir el-Bahari, a été construit dans la paroi de la falaise.

● Le Parthénon, un miracle d'équilibre

Situé à 150 m d'altitude sur une colline, cet édifice tout en marbre, édifié au Ve siècle avant J.-C. selon la volonté de Périclès, est le symbole de l'âge d'or d'Athènes (Grèce). Long de 73 m et large de 32 m, il constitue le modèle du temple antique par excellence. Ses colonnes d'ordre* dorique, qui s'amincissent vers le haut, sont légèrement inclinées de façon à corriger les déformations liées à la vision en perspective. On a retrouvé sur la pierre des traces de peinture qui prouvent que ce temple était recouvert d'un enduit aux couleurs vives.

Situé sur l'Acropole d'Athènes, le Parthénon était dédié à Athéna, déesse de la Sagesse et protectrice de la ville.

Au sommet du temple de Deir el-Bahari (Égypte) se dressent des statues colossales figurant la reine Hatchepsout sous les traits d'Osiris, dieu des Morts et de l'Au-delà. Les murs intérieurs sont recouverts de bas-reliefs* et de fresques représentant des scènes de la vie : chasse, accouchement, offrandes aux dieux, processions…

Au centre du Parthénon (Grèce) se tenait une statue d'Athéna en or et en ivoire, haute de 12 m. La raison d'être du sanctuaire était d'abriter cette merveille : afin d'assurer sa conservation, on avait même aménagé à ses côtés un bassin permettant de maintenir un certain degré d'humidité.

Teotihuacán, les temples-pyramides

Au nord-est de Mexico (Mexique), cette ancienne cité précolombienne abrite les vestiges de palais et de deux temples en forme de pyramides à degrés dotées d'escaliers ; l'une est dédiée au Soleil, l'autre à la Lune. Datant de 150 avant J.-C., ces pyramides sont en pierre ou en brique crue. Leur terrasse est faite d'un ciment composé d'une roche volcanique poreuse, broyée et mélangée avec de la chaux et de la terre. La pyramide de la Lune possède un autel autour duquel se déroulaient des danses et des rituels ; elle servait aussi de sépulture pour les personnages importants de la cité.

Le temple du Soleil, à Teotihuacán, mesure 140 m de côté et 66 m de haut. Ici, au premier plan, on voit aussi le palais du Soleil.

Angkor Vat, créé pour honorer Vishnu, dieu protecteur hindou, est le plus vaste sanctuaire du monde.

Le temple de Borobudur reproduit le dessin d'un mandala, image symbolique de l'univers. Les fidèles doivent marcher jusqu'à son sommet, ce qui représente un parcours de 5 km autour du temple.

Borobudur, l'univers en miniature

Au centre de Java (Indonésie) se dresse le plus grand temple bouddhique du monde, construit et sculpté au IXe siècle dans de l'andésite, une roche volcanique facile à travailler. Sa base pyramidale comprend six terrasses carrées, surmontées de trois plates-formes circulaires ; l'ensemble est orné de multiples stûpas*.

Angkor Vat, la ville-temple

Au XIIe siècle, un roi khmer décida d'installer sa capitale au nord du Cambodge et fit bâtir une cité gigantesque aujourd'hui noyée dans la jungle. Sur les clichés des satellites, qui révèlent des structures enfouies (routes, canaux, bassins, fondations), elle apparaît trois fois plus étendue qu'on ne le pensait (3 000 km^2). Près d'un million de pierres taillées, assemblées sans ciment ni mortier *(voir p. 7)*, furent nécessaires à la construction du temple central en grès de 200 m de côté.

Teotihuacán (Mexique) était une cité importante rassemblant, à son apogée, 200 000 personnes. Elle fut créée selon un plan géométrique et la disposition de ses édifices atteste l'importance vouée au culte du Soleil : la pyramide qui lui est dédiée se situe dans l'alignement exact de cet astre le jour du solstice d'été.

Au nord de la Birmanie, le site de Pagan apparaît comme une forêt de quelque 2 000 temples et stûpas en brique et en stuc, de forme pyramidale, renfermant d'innombrables statues du Bouddha. Ces édifices comptent de trois à cinq terrasses carrées ou octogonales, la dernière étant coiffée d'un stûpa géant.*

Les églises et les abbayes

Le culte chrétien est à l'origine d'une architecture audacieuse à la gloire de Dieu. Qu'il s'agisse de basiliques, de cathédrales ou d'abbayes, leurs concepteurs ont fait preuve d'un talent et d'une ingéniosité à la mesure de leur ferveur religieuse.

🔴 Byzantine et gothique

L'église Saint-Marc fut édifiée à Venise (Italie) en 829 après J.-C. pour abriter les reliques de l'évangéliste Marc. Réaménagée en basilique au XIe siècle dans le style byzantin*, elle est dotée d'un plan en croix grecque* et surmontée de coupoles. Le sol fut recouvert de lamelles de marbre de différentes couleurs ; la façade, les murs intérieurs et les voûtes reçurent aux XIIe et XIIIe siècles de splendides mosaïques sur fond d'or, réalisées par des artisans de Constantinople. Plus tard, la basilique fut enrichie d'éléments gothiques*, ainsi que de colonnes et de motifs décoratifs provenant de monuments antiques.

Mélange de styles byzantin et gothique, la basilique Saint-Marc témoigne de la puissance politique et économique exceptionnelle de Venise du XIIIe au XVe siècle.

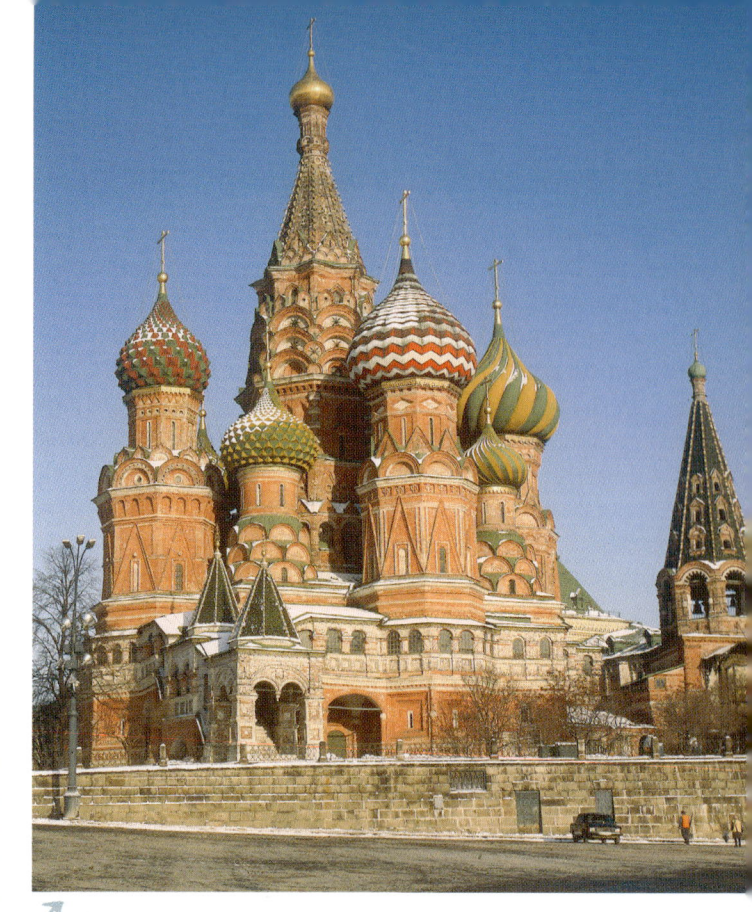

L'église Saint-Basile fut édifiée pour célébrer la prise de Kazan, capitale d'un royaume des Tatars, peuple musulman de l'ancienne Russie.

🟢 Croix grecque et bulbes multicolores

Le tsar Ivan IV, dit le Terrible, fit construire l'église Saint-Basile à Moscou (Russie) en 1552. Le plan en croix grecque possède un élément central surmonté d'un toit en forme de tente et quatre chapelles orientées aux quatre points cardinaux ; elles sont coiffées de dômes en forme de bulbes peints de couleurs vives.

UNE VÉRITABLE FOURMILIÈRE

Sur le chantier d'une cathédrale, chacun s'affaire. Les forgerons fabriquent sur place les outils dont se serviront les tailleurs pour façonner le calcaire, une roche au grain à la fois tendre et serré, facile à travailler. Puis les maçons ajustent les pierres avec un fil à plomb* et les scellent au mortier (voir p. 7) préparé par les gâcheurs. Plus les murs s'élèvent, plus on a recours, pour hisser les matériaux, aux engins de levage : poulie*, grue pivotante, chèvre*, cage à écureuil*. Les charpentiers aussi s'activent, construisant les échafaudages* et assemblant les éléments du toit.

Le maître d'œuvre (ou architecte) d'une cathédrale est comme un homme-orchestre : il trace les plans, calcule les forces et les poussées, choisit les artisans, les ouvriers et les matériaux, fait construire les engins de levage et coordonne les opérations. C'est également lui qui tient les comptes.

De nombreux corps de métiers interviennent dans l'édification d'une cathédrale : les tailleurs de pierre, les maçons, les charpentiers, les forgerons, les sculpteurs et les verriers sont des artisans spécialisés et indépendants, qui négocient leur salaire et n'hésitent pas, à l'occasion, à se mettre en grève.

🔵 Un modèle de cathédrale gothique

Élevée sur une butte dominant l'Eure au milieu des plaines de la Beauce (France), Notre-Dame de Chartres, qui servit de modèle à bien d'autres cathédrales, date de la fin du XIIe siècle. Au-dessus d'un plan en croix latine (croix ayant la forme de celle sur laquelle le Christ fut crucifié) se superposent trois étages percés de vitraux datant du XIIIe siècle. On éleva les voûtes sur croisée d'ogives* jusqu'à 37,50 m de haut grâce à l'emploi systématique, à l'extérieur, d'arcs-boutants* renforcés par de solides contreforts*. Ces innovations architecturales propres à l'art gothique permettaient d'équilibrer la poussée des voûtes en reportant leur poids sur les piliers intérieurs.

La cathédrale de Chartres est reconnaissable à ses deux tours dissymétriques : l'une est de style roman, l'autre de style gothique flamboyant (la décoration est plus chargée).

🟠 Cinq siècles superposés

Fondée en 966 par des moines bénédictins, l'abbaye du Mont-Saint-Michel ne cessa de s'agrandir à partir du XIe siècle avec la venue de pèlerins de plus en plus nombreux. À côté de l'église furent créées au XIIIe siècle la salle des Chevaliers et celle des Hôtes. Le manque d'espace au sol imposa de construire en hauteur les différentes parties de l'abbaye, qui se superposèrent, offrant un résumé de cinq siècles d'architecture, de l'art roman* (fin du Xe siècle) au gothique tardif (début du XVIe siècle). Les édifices inférieurs servent donc de fondations aux édifices plus élevés. L'ensemble, construit dans un granit très dur, est renforcé par des arcs-boutants et de puissants contreforts. Lors de la guerre de Cent Ans (1337-1453), le Mont fut entouré de remparts englobant le village de pêcheurs.

L'abbaye du Mont-Saint-Michel se dresse, majestueuse, sur l'îlot rocheux d'une baie s'ouvrant au large des côtes normandes.

Fondée par l'empereur romain Constantin à l'endroit où saint Pierre avait été enseveli, la basilique Saint-Pierre de Rome (Italie) fut construite en 1506 selon des plans conçus notamment par Michel-Ange. À l'intérieur de l'immense dôme sont inscrites les paroles du Christ : « Tu es Pierre, et sur cette pierre je bâtirai mon Église. »

S'élevant à 157 m au-dessus du sol, la cathédrale gothique de Cologne (Allemagne) est longtemps restée le plus haut bâtiment du monde. Elle est aussi, avec ses 8 000 m² de surface, le deuxième plus vaste édifice catholique après la basilique Saint-Pierre de Rome (22 000 m²).

Les mosquées

Une mosquée, lieu de culte et de convivialité, peut abriter une école et une université, appelée "madrasa". Son architecture varie selon les pays, mais son plan comporte toujours une cour, une salle de prière et au moins un minaret, d'où le muezzin, un fonctionnaire religieux, appelle à la prière.

● Une église devenue mosquée

Sainte-Sophie (*photo ci-dessus*) fut d'abord une église, édifiée par Justinien à Constantinople, actuel Istanbul, en Turquie, en 532 après J.-C., sur le site d'une basilique fondée par Constantin en 325. Au-dessus d'un plan carré en forme de croix grecque* s'élève, à plus de 55 m de haut, une coupole de 31 m de diamètre, unique en son genre, à laquelle on ajouta deux demi-coupoles sur les côtés. De puissants piliers et des contreforts* vinrent renforcer l'ensemble. La décoration intérieure est constituée de minuscules pièces de marbre blanc et jaune, de porphyre* rouge, d'albâtre*, de jaspe*, et les coupoles sont recouvertes de mosaïques à fond d'or. Après la prise de la ville par les Turcs en 1453, Sainte-Sophie fut convertie en mosquée et dotée de quatre minarets.

● Une mosquée devenue église

La Grande Mosquée de Cordoue, en Espagne, a été fondée après que les Arabes eurent pris la ville en 711. Elle compte 19 allées, coupées par 39 autres et ponctuées de 850 colonnes en marbre bleu et rose, en granit et en jaspe. Les deux étages d'arcades en brique rouge et marbre blanc ont permis d'élever le plafond et confèrent sa légèreté à l'édifice. Le *mihrâb* (niche indiquant la direction de La Mecque vers laquelle les fidèles se prosternent) est surmonté d'une énorme coupole faite d'un seul bloc de marbre. En 1513, les chrétiens, qui avaient repris Cordoue au XIIIe siècle, ont transformé la mosquée en cathédrale.

Remarquable mélange de styles architecturaux, la mosquée de Cordoue a été l'une des plus grandes du monde avec celle de La Mecque.

Le plan de la Grande Mosquée de Kairouan (Tunisie) ressemble à celui du premier sanctuaire musulman, fondé à Médine (Arabie Saoudite actuelle) par Mahomet et ses disciples. Ceux-ci lui donnèrent le nom de masjid, d'où vient le terme "mosquée" et qui signifie "lieu où l'on se prosterne".

Servant à la fois de tour de guet et de lieu d'appel à la prière, le minaret de la Grande Mosquée de Kairouan est le plus vieux du monde. La salle de prière compte plus de 400 colonnes ; outre le mihrâb s'y trouve la plus ancienne chaire à prêcher (minbar) du monde musulman.

Kairouan, forteresse sacrée

Avec son enceinte de pierre épaisse de presque 2 m, ses contreforts et son minaret crénelé, la Grande Mosquée de Kairouan, en Tunisie, a une allure de forteresse. Édifiée en 836, elle comporte cinq coupoles, une cour rectangulaire pourvue de bassins et de fontaines pour les ablutions (purification par l'eau) et une salle de prière. La cour est cernée de galeries, dont les colonnes en marbre, granit et porphyre, comme celles de la salle de prière, proviennent de monuments antiques.

Ancêtre des mosquées d'Afrique du Nord, la Grande Mosquée de Kairouan est l'une des plus sacrées de l'Islam.

Djenné, mosquée d'argile

Bâtie au Mali en 1907, cette mosquée de 75 m de côté et 20 m de haut est l'un des symboles majeurs de l'architecture du sud du Sahara. Elle est construite en banco, matériau formé d'argile, parfois enrichi de paille, de riz ou de bouse de vache, et dont on fait sécher les briques au soleil. Bon isolant, le banco assure une régulation thermique entre la nuit et le jour. Des gouttières permettent d'évacuer les eaux de pluie. Mais l'édifice est souvent réenduit car il est fragile. Cela donne lieu à des fêtes populaires auxquelles tout le monde participe.

La Grande Mosquée de Djenné est truffée de branches de palmier qui compensent les fissures dues aux changements de température et à l'humidité.

À Istanbul (Turquie), l'élégante mosquée Bleue, édifiée en 1609 par un élève de Sinan (voir p. 8), se distingue par ses six minarets élancés et par sa décoration intérieure : les murs, éclairés par 260 fenêtres, sont ornés de 21 000 carreaux en faïence émaillée représentant les jardins du Paradis.

Depuis 1993, la plus vaste mosquée du monde après celle de La Mecque est la mosquée Hassan II, à Casablanca (Maroc). Plus de 30 000 ouvriers ont travaillé à sa construction. Les structures porteuses, en béton armé*, sont habillées par 10 000 m² de céramique et 53 000 m² de bois sculpté. Le minaret mesure 210 m de haut.

Le palais de Topkapi

Le palais de Topkapi, qui domine le détroit du Bosphore à Istanbul (Turquie), se présente comme un enchevêtrement de bâtiments d'époques différentes, remaniés au fil du temps. On y progresse de la première à la quatrième cour, des quartiers publics aux quartiers privés. En ce haut lieu du pouvoir et des intrigues, les sultans ont présidé pendant plus de quatre siècles, dans un luxe inouï, aux destinées de l'Empire ottoman.

① Porte du Milieu
Cette porte monumentale marque le passage entre la première cour, où se rassemblaient les janissaires, corps d'élite de l'armée ottomane, et la deuxième cour. Elle fut construite sous le règne du sultan Soliman le Magnifique, qui était le seul à avoir le droit de la franchir à cheval. Elle est encadrée par deux tours octogonales au toit en forme de cône.

② Divan
Dans ce bâtiment se déroulaient les séances du Conseil pour la gestion de l'État, dirigées par le grand vizir, auxquelles participaient les hauts dignitaires de l'Empire ottoman. Composé de trois pièces à coupoles, il est entouré d'un portique* à colonnes surmonté d'un toit à auvent*. L'un des côtés est occupé par la tour de la Justice.

③ Salles du Trésor public
Cet édifice coiffé de huit coupoles date du début du XVIe siècle. C'est là que les sultans amassaient leurs fabuleuses richesses, qui consistaient en impôts et autres taxes perçus à travers tout l'Empire ; ils en prélevaient une partie pour leurs dépenses personnelles.

④ Cuisines
Adossées au mur d'enceinte, elles sont surmontées de coupoles et de cheminées. Elles furent reconstruites au XVIe siècle par l'architecte Sinan (voir p. 8), puis sans cesse agrandies. On y préparait des mets en abondance ainsi que des pâtisseries et des confiseries, comme l'attestent les énormes chaudrons que l'on peut y voir.

⑤ Porte de la Félicité
Située au fond de la deuxième cour, elle donne accès à la troisième cour, réservée à l'usage privé du sultan et de ses proches. Édifiée en grande partie au début du XVIe siècle, cette porte à arcades servait de cadre à des cérémonies fastueuses.

Le sultan reçoit des personnages importants devant la porte de la Félicité, comme on le voit sur cette image du XVIIIe siècle.

Le palais de Cnossos (Crète), résidence des rois minoens, date de 2000 avant J.-C. Ses ruines révèlent des murs couverts de fresques et construits avec des moellons (petits blocs de pierre) liés par du mortier (voir p. 7) à base de terre. Certaines salles sont éclairées grâce à des puits de lumière* pratiqués dans la toiture.

En temps ordinaire, plus de 1 000 cuisiniers préparaient chaque jour, dans les cuisines du palais de Topkapi, des repas pour 5 000 personnes ; lors des plus grandes fêtes, il pouvait y avoir jusqu'à 15 000 couverts. Certaines salles étaient même réservées à la préparation des desserts.

⑥ **Salle des Audiences**
Ce pavillon à large auvent entouré d'une galerie à colonnade de marbre fut construit au XVᵉ siècle. Installé sur un trône surmonté d'un baldaquin, le sultan y recevait les ambassadeurs étrangers et les membres du Conseil.

Une salle du palais de Topkapi, avec ses colonnes de marbre et ses murs couverts de faïences multicolores.

⑨ **Appartement de la Félicité**
C'est l'un des lieux les plus sacrés du palais, car il renferme les reliques du prophète Mahomet : sa bannière, ses deux épées et surtout son manteau, qui furent rapportés d'Égypte par Selim Iᵉʳ, dit le Terrible, après sa conquête du Caire.

⑩ **Kiosque de Bagdad**
Destiné à célébrer la prise de Bagdad en 1639, il fut construit par le sultan Murat IV ; il est doté de larges auvents et d'une arcade de colonnes en marbre ; ses murs sont recouverts de faïences émaillées, et ses portes ainsi que ses fenêtres sont incrustées de bois précieux et de nacre.

⑪ **Harem**
Résidence à la fois du sultan, de sa mère, des concubines et de leurs enfants, le harem est l'endroit le plus secret du palais. C'est un ensemble de bâtiments des XVIᵉ et XVIIᵉ siècles bordés de ruelles. À l'intérieur se succèdent dortoirs, bains, fontaines en marbre, salons d'apparat aux boiseries précieuses, chambres à coucher… ; la décoration, très raffinée, présente des motifs peints de fleurs et de fruits, tandis que s'alignent le long des murs des sofas posés à même le sol sur des tapis.

⑦ **Bibliothèque d'Ahmet III**
Construit en 1718, cet édifice entièrement en marbre abrite des manuscrits anciens en arabe et en grec. Sa décoration intérieure est composée de boiseries dorées et de faïences bleues émaillées.

⑧ **Mosquée des Agalar**
Édifiée au XVᵉ siècle sous le règne du sultan Mehmet le Conquérant, c'est la plus ancienne du palais. Elle est décorée de faïences émaillées et rassemble aujourd'hui des manuscrits turcs, arabes et persans découverts dans différents lieux du palais.

Le grand salon du sultan, dans le harem.

Résidence (XIIIᵉ-XIVᵉ siècles) des souverains arabes de Grenade en Espagne, l'Alhambra est un palais pourvu de jardins avec fontaines et bassins. Il s'ordonne autour d'un patio – une cour bordée de portiques. Au centre se trouve une vasque supportée par quatre lions crachant de l'eau, qui symbolisent les quatre rivières du Paradis.

Dans le palais de Topkapi, un édifice du XVᵉ siècle abrite le trésor impérial, collection d'objets ayant appartenu aux sultans. Entre autres joyaux, on y trouve l'un des plus gros diamants du monde (86 carats), des chandeliers en or pesant chacun 48 kg et ornés de 6 666 petits diamants, ainsi qu'un trône représentant 250 kg d'or.

Les grandes voies

Les Romains ont été les premiers à tracer de longues voies à travers leur immense empire. Bien plus tard, l'invention du chemin de fer a ouvert l'accès à des régions reculées, comme dans la vaste Russie. Au Brésil, des pistes ont percé la forêt vierge tandis qu'aux États-Unis, une route mythique traverse le Grand Ouest sur 4 000 km.

● Une voie impériale

Ouverte en Italie en 312 avant J.-C., la voie Appienne reprit le tracé d'une route reliant Rome à Capoue en le prolongeant jusqu'à Brindisi, sur la mer Adriatique. L'ancienne route fut également élargie de manière à ce que deux véhicules puissent s'y croiser, et on y aménagea des trottoirs. La voie Appienne fut la première de l'Empire romain à être pavée, au IIe siècle avant J.-C., de grandes dalles de roche volcanique. La partie la plus proche de Rome était jalonnée de monuments funéraires, petites stèles ou grands mausolées. Cette route permettait le déploiement rapide de l'armée vers les territoires conquis, tout en favorisant le commerce, notamment avec l'Orient, et la diffusion de la culture romaine. Délaissée après la chute de l'Empire romain, elle fut restaurée au XVIe siècle par le pape Pie VI.

La voie ferroviaire transsibérienne longe le lac Baïkal, le lac le plus vaste et le plus profond du monde.

● Le plus long chemin de fer du monde

Le Transsibérien parcourt 9 297 km de Moscou à Vladivostok à travers la Russie et les immenses steppes sibériennes. La plus longue voie ferrée du monde est jalonnée de 990 gares et le trajet dure en principe une semaine. Sa construction a commencé en 1891 sous le tsar Alexandre III et s'est achevée en 1916 sous Nicolas II, à la veille de la révolution russe. Entamée aux deux terminus de la voie, elle a représenté un formidable défi. Le chantier, interminable, s'est déroulé dans des conditions climatiques parfois extrêmes. Il a fallu également adapter le tracé à un relief difficile comprenant trois chaînes de montagne, dont l'Oural, quatre fleuves, dont la Volga – le plus long fleuve d'Europe –, et le lac Baïkal. Des milliers de forçats ainsi que des ouvriers chinois et japonais ont participé à cette entreprise titanesque.

Baptisée la "reine des voies" dans l'Antiquité, la voie Appienne fut la première à être dotée de bornes.

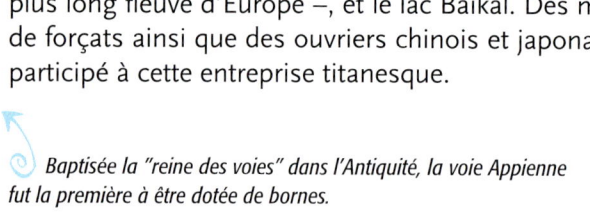

Dans la Rome antique existait déjà un réseau routier important. Outre la voie Appienne (525 km), la voie Flaminienne (315 km) reliait Rome à Rimini, prolongée de Rimini à Plaisance par la voie Émilienne. La voie Aurélienne (325 km) joignait Rome à la Côte d'Azur (France) en longeant le littoral de la mer Tyrrhénienne.

Pour construire la route 66, aux États-Unis, on employa des milliers de personnes que la grande crise économique de 1929 avait mises au chômage. De nos jours, on ne l'emprunte plus que pour le plaisir de s'immerger dans l'Amérique profonde, avec ses petites villes rurales et ses motels au charme désuet.

Une piste rouge dans l'enfer vert

Longeant la rive sud du fleuve Amazone sur près de 4 000 km, la Transamazonienne, une piste au sol rougeâtre, parcourt le Brésil d'est en ouest, à travers la forêt équatoriale au surnom approprié d'"enfer vert". En effet, ce chantier initié en 1970 et toujours pas achevé nécessite des travaux de déboisement, de terrassement* et de nivellement, au milieu des marécages et dans une atmosphère saturée de chaleur et d'humidité. Les obstacles naturels ne manquent pas et, lorsque la piste rencontre un grand fleuve, la seule manière de le franchir est de prendre le bac. Certains tronçons, mal entretenus car peu utilisés et dégradés par les pluies, sont devenus quasiment impraticables.

La route transamazonienne constitue une véritable saignée au cœur du poumon de la planète.

La conquête de l'Ouest

Construite de 1926 à 1938 entre Chicago et Santa Monica sur la côte californienne, aux États-Unis, la route 66 a été le premier axe à deux voies du pays. Cette artère mythique de 4 000 km traverse trois fuseaux horaires et huit États, notamment le Nouveau-Mexique et l'Arizona, dont les paysages de déserts blancs, de plateaux arides et de profonds canyons sont très impressionnants.

La route 66, qui porte le même écusson tout au long de son parcours, a favorisé le développement de petites bourgades isolées.

Achevée en 1971 après 20 ans de construction, la Transcanadienne est, avec ses 7 821 km, la plus longue route nationale du monde. Elle traverse le Canada d'est en ouest. Le passage le plus difficile est le col Rogers, dans les montagnes Rocheuses, qui reçoit 15 m de neige par an.

La Transamazonienne devait rompre l'isolement de certaines régions du Brésil et permettre aux paysans pauvres la libre exploitation d'une bande de 10 km de terres situées de part et d'autre de la route. En réalité, on assiste à une destruction massive de la forêt à coups d'incendies, aggravée par une exploitation minière sauvage.

L'aqueduc de Ségovie – l'un des plus imposants du monde romain – doit son excellent état de conservation au fait qu'il n'a jamais cessé d'être utilisé.

Les aqueducs et les viaducs

Pour transporter l'eau et les hommes, il a fallu s'adapter aux formes du terrain. Les Romains, grands bâtisseurs et grands consommateurs d'eau, ont mis en œuvre des techniques efficaces. De nos jours, de véritables prouesses sont accomplies pour franchir des vallées de plus en plus larges, comme en témoigne le viaduc de Millau.

● Un aqueduc romain en Espagne

Long de 900 m et haut de 28 m à son point le plus élevé, l'aqueduc de Ségovie (*photo ci-dessus*) fut érigé entre le Ier et le IIe siècle après J.-C. sous le règne de l'empereur romain Trajan. Il se compose de 166 arches superposées, constituées de 20 400 blocs de granit assemblés sans mortier (*voir p. 7*) et maintenus grâce à leur seul poids. Depuis l'Antiquité, l'aqueduc permet d'acheminer, sur 15 km, l'eau du rio Acebeda jusqu'à la ville.

● Un viaduc signé Eiffel

Moins connu que la tour Eiffel, le viaduc de Garabit est un pont ferroviaire conçu par Gustave Eiffel (*voir p. 8*). Il permet de franchir en train les gorges de la Truyère, un affluent du Lot. Son tablier ① métallique de 565 m de long repose sur sept piliers constitués d'un fer très résistant, dont les plus hauts mesurent 80 m. Les travées ② surplombant la partie la plus basse de la vallée sont soutenues par une arche de 165 m de long.

Le viaduc de Garabit a été mis en service en 1888 ; il est toujours utilisé.

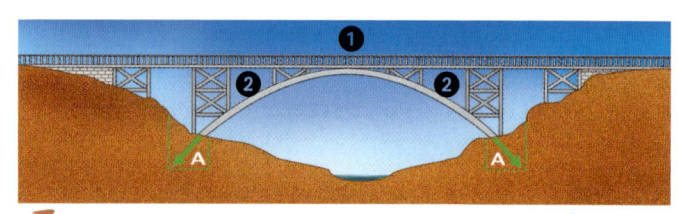

Ce dessin du viaduc montre comment le poids de la structure (flèches vertes) s'exerce sur les fondations (A) creusées dans la montagne.

Les Romains ont construit les aqueducs en appliquant le principe selon lequel, pour permettre à l'eau de s'écouler, il suffit d'une pente très faible (environ 34 cm de dénivelé pour 1 km de parcours). Ainsi, en dépit des apparences, le pont du Gard (France) n'est pas horizontal mais légèrement incliné.

La construction du viaduc de Millau a nécessité 206 000 t de béton ; il est équipé de 30 km de câbles électriques, 20 km de fibres optiques et 10 km de fils téléphoniques qui assurent un contact permanent entre le centre de commandement et les équipes d'entretien ; son tablier en acier pèse 36 000 t.

● Une route par-dessus les nuages

Prouesse technique autant que réussite esthétique, le viaduc de Millau a été réalisé par l'architecte britannique Norman Foster (*voir p. 9*). Il enjambe la vallée du Tarn (Aveyron, France) à 270 m de hauteur, ce qui en fait le pont autoroutier le plus élevé du monde. La construction de cet ouvrage achevé en 2004 a fait appel aux technologies les plus modernes : laser pour le nivellement, système de guidage par satellite (GPS) pour le positionnement, coffrages* autogrimpants (qui permettent d'élever des piliers sans grue grâce à un vérin soulevant une plate-forme au fur et à mesure que le béton est coulé), revêtement en bitume spécial, capteurs électroniques capables de surveiller ses réactions dans des conditions extrêmes, notamment en cas de tempête avec des vents soufflant à 185 km/h, béton précontraint (*voir p. 8*) ultrarésistant... Environ 600 ouvriers ont été affectés au chantier, pilotant au millimètre près des masses de béton et d'acier lourdes de plusieurs milliers de tonnes.

Véritable chef-d'œuvre d'ingénierie, le viaduc de Millau repose sur sept piliers prolongés par sept pylônes ③, dotés chacun de onze paires de haubans ④.

Le viaduc de Millau n'est pas rectiligne mais présente une très légère courbure. Cela donne aux automobilistes l'illusion que la route ne va pas se terminer ; leur conduite est ainsi plus précise qu'en ligne droite. De même, la pente de 3 % est destinée à assurer une meilleure visibilité.

La gaine recouvrant les haubans du viaduc de Millau a été dotée d'un petit caniveau en relief en forme de spirale, qui canalise l'eau de pluie et l'évacue aussitôt ; ce système empêche l'eau de ruisseler et de provoquer, en cas de grand vent, des vibrations qui affecteraient la stabilité du viaduc.

Les grands ponts

À l'origine, pour franchir une rivière, on se contentait d'un tronc d'arbre ou de cordages en liane et en bambou. Puis les ponts en maçonnerie sont apparus. Par la suite, l'expansion du trafic a suscité l'invention de nouveaux moyens pour traverser les baies, les estuaires ou les détroits sans entraver la circulation des bateaux : c'est ainsi que sont nés les ponts géants d'une seule portée qui utilisent des câbles en acier et du béton très résistant.

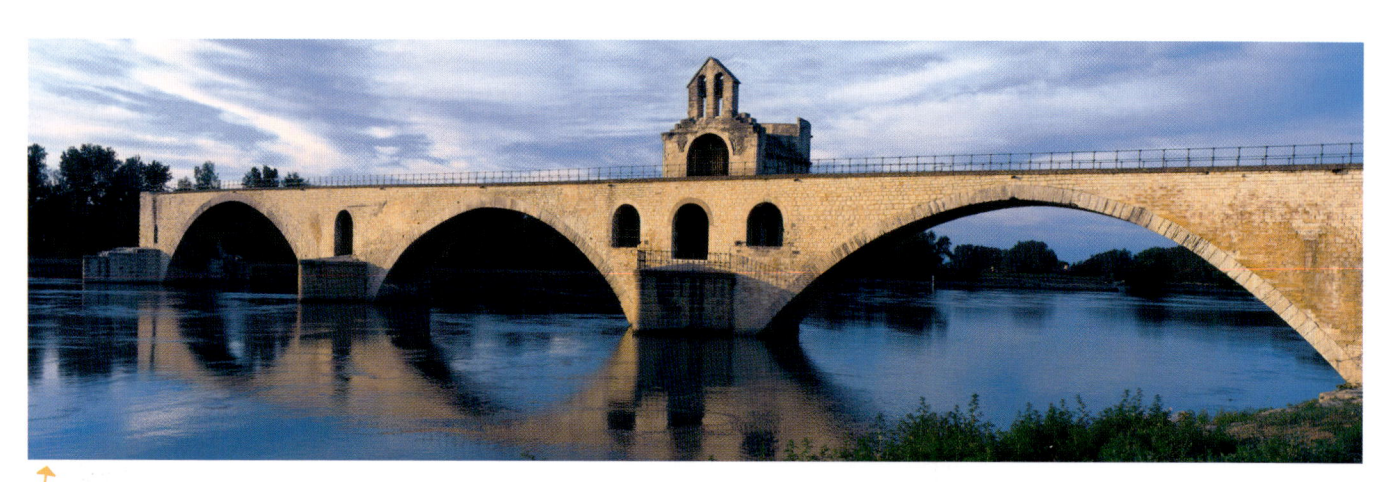

Pont de pierre

Les Romains sont les premiers à avoir généralisé les ponts en pierre ou en brique constitués d'arches reposant sur des piliers épais. Puis ce type de construction a cessé et n'est réapparu qu'au Moyen Âge. Le pont Saint-Bénezet (*photo ci-dessus*), ou pont d'Avignon, édifié au XIIe siècle, en est un bel exemple. Sur les 22 arches d'origine, quatre ont subsisté après les dégâts que le pont a subis au XIIIe siècle.

Pont métallique à haubans

Le pont métallique à haubans (*voir p. 31*) est un type assez récent de pont suspendu (*voir p. 33*) dans lequel le tablier est suspendu par des réseaux de câbles obliques reliés en éventail au sommet des pylônes et fixés à intervalles réguliers sur les côtés. Les pylônes ont un rôle essentiel car ils reçoivent les vibrations dues au vent et aux véhicules et les transmettent aux fondations et aux deux parties du viaduc construites sur chaque rive. Achevé en 1995 après six ans de travaux, sur l'estuaire de la Seine, le pont de Normandie (*voir photo ci-contre*) a été le plus grand pont à haubans du monde (le pont Akashi-Kaikyo, au Japon, l'a dépassé depuis peu). D'une longueur totale de 2 141 m, dont 856 m pour la travée centrale, il domine l'eau de 52 m.

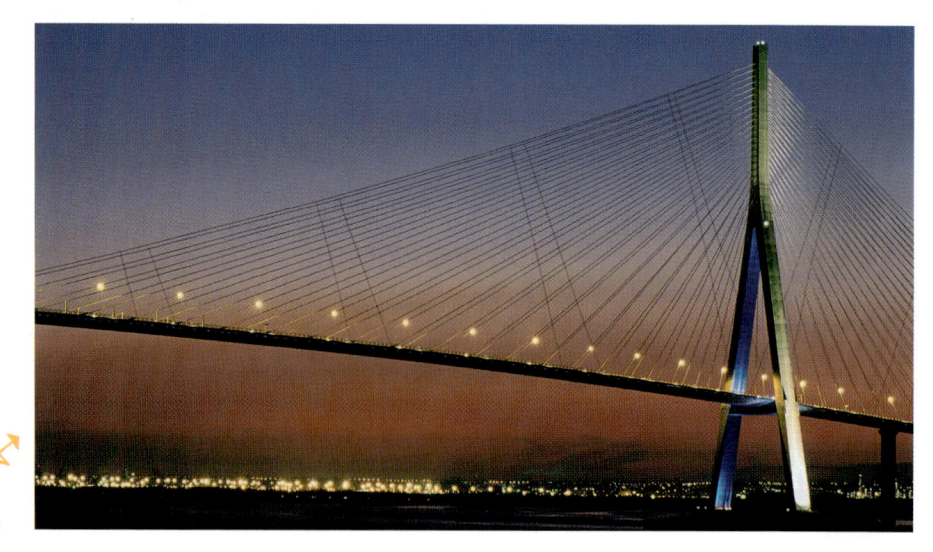

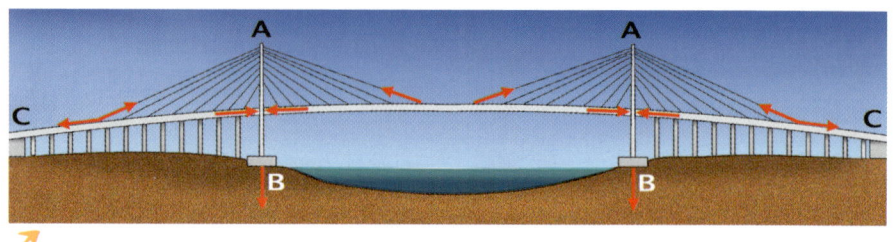

Le poids (flèches rouges) du pont à haubans est reporté sur les pylônes (A) et sur leurs fondations (B), ainsi que sur les viaducs d'accès (C). Il est ainsi transmis verticalement et non horizontalement.

Les piliers des ponts en pierre sont souvent munis, en amont du cours d'eau, de parties saillantes et triangulaires appelées "avant-becs". Le rôle de ces éléments est d'éloigner les morceaux flottants, tout en "cassant" le courant afin de protéger les fondations du pont contre l'érosion du sol dans lequel elles sont enfoncées.

La grue flottante ayant servi au montage du pont-île-tunnel d'Öresund est la plus grande du monde pour ce type de chantier. Chacun des quatre tunneliers (voir p. 38) ayant creusé le tunnel pèse 1 600 t, soit l'équivalent d'un avion gros-porteur. Les plus gros éléments ont été fabriqués en usine et assemblés sur place.

Combiné pont-île-tunnel

Entre les villes de Copenhague (Danemark) et de Malmö (Suède), "un lien fixe" de 16 km a été ouvert à la circulation en 2000 : le pont-île-tunnel d'Öresund (*photo ci-contre*). Il se compose d'une presqu'île artificielle, d'un tunnel sous-marin – qui est le plus long d'Europe après le tunnel sous la Manche (*voir p. 38*) –, d'une île artificielle (*au deuxième plan*) et d'un pont à deux niveaux, dont la partie centrale est à haubans (*au premier plan*). La presqu'île constitue l'une des extrémités ; le tunnel comporte quatre tubes, deux pour l'autoroute et deux autres pour le chemin de fer ; l'île permet la transition entre le tunnel et le pont.

Pont métallique suspendu

Au XIXe siècle, l'emploi du métal dans les ouvrages d'art* a rendu possible l'allongement des ponts. Puis les techniques se sont perfectionnées afin de renforcer leur solidité et leur stabilité. On a ainsi réalisé des ponts dits "suspendus" car leur tablier est suspendu à des pylônes par des câbles ; le tablier est en outre supporté par des piliers, tandis que deux câbles horizontaux l'ancrent à chaque extrémité. L'un des plus célèbres ponts suspendus, le Golden Gate (1937), se trouve à San Francisco (États-Unis), ville bâtie autour d'une baie débouchant sur l'océan Pacifique. Ce pont (*photo ci-dessous*) d'une longueur totale de 2 737 m, dont 1 280 m pour la travée centrale, franchit la baie à 67 m au-dessus de l'eau.

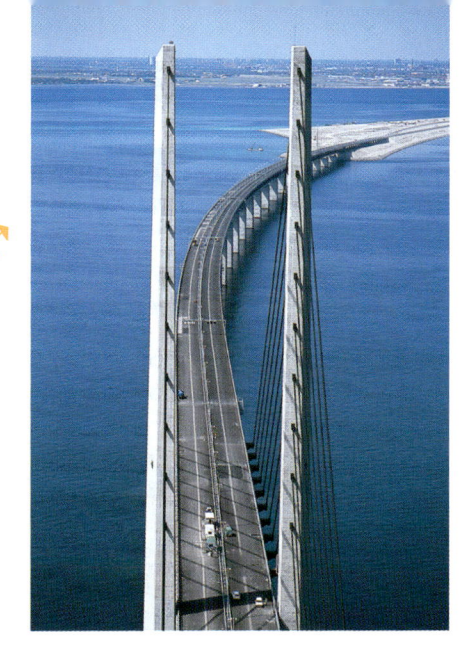

Le poids (flèches rouges) du tablier du pont suspendu s'exerce sur les piles (A) et tire sur les ancrages des câbles (B).

Dans l'estuaire de la Seine, les rafales de vent peuvent atteindre 180 km/h. On a donc amélioré l'aérodynamisme* du tablier du pont de Normandie afin d'augmenter sa résistance au vent. En outre, des câbles transversaux amortissent les mouvements des 184 paires de haubans pour éviter qu'ils ne s'entrechoquent.

Le pont du Golden Gate (San Francisco), peint en rouge afin d'être bien visible dans le brouillard, est situé dans une zone sismique. Pour prévenir tout risque, des travaux de mise aux normes ont été entrepris afin qu'en cas de séisme chaque pilier du pont puisse bouger sans entraîner la rupture du tablier ou des câbles.

Les canaux et les villes à canaux

Un canal est une voie d'eau créée pour les besoins de la navigation. Il peut être percé dans un isthme, étroite bande de terre reliant deux continents (canal de Suez, canal de Panamá...), entre deux cours d'eau pour en assurer la jonction, ou encore le long d'un cours d'eau non navigable. Certaines villes implantées sur la mer – Venise, Amsterdam... – se sont formées grâce aux canaux.

De la Méditerranée à la mer Rouge

Construit en Égypte de 1859 à 1869, le canal de Suez relie les villes de Port-Saïd, sur la Méditerranée, et de Suez, sur la mer Rouge. Long de 195 km, il ne comporte aucune écluse, au contraire d'autres grands canaux : l'eau est toujours au même niveau. De nos jours, sa profondeur insuffisante (8 m) force les super-pétroliers qui l'empruntent à se décharger d'une partie de leur cargaison dans un deuxième bateau spécialement conçu à cet effet. Mais des travaux sont prévus pour permettre le passage des gros navires.

Sur le canal de Panamá, un bateau en chemin vers l'océan Atlantique attend dans une écluse.

Conçu par l'ingénieur français Ferdinand de Lesseps, le canal de Suez est large de 365 m, dont 190 m pour la voie navigable.

De l'Atlantique au Pacifique

Le creusement de ce canal, l'un des plus importants du monde, dans l'isthme de Panamá en Amérique centrale, a commencé au XIXe siècle selon les plans de Ferdinand de Lesseps. Mais il n'a été achevé qu'en 1914, d'après de nouveaux plans mis au point par les États-Unis. Reliant l'océan Pacifique à la mer des Antilles et à l'océan Atlantique, il épargne aux navires les dangers de la route maritime du cap Horn (Chili) et leur permet de gagner un temps considérable. Il comporte en réalité plusieurs canaux, deux lacs artificiels et trois groupes d'écluses.

QU'EST-CE QU'UNE ÉCLUSE ?

Située sur une voie navigable, une écluse est un sas formé de portes étanches à l'intérieur desquelles, en équilibrant le niveau de la nappe aquatique, on peut assurer la continuité entre deux étendues d'eau de différents niveaux. Cela permet aux bateaux de franchir des dénivellations.

Le canal de Corinthe (Grèce) est un projet très ancien : sept empereurs romains l'envisagèrent, dont Néron, qui le mit en œuvre en 67 après J.-C. 6 000 prisonniers venus de Judée y travaillèrent mais le successeur de Néron préféra renoncer au chantier. Le canal actuel a été réalisé au XIXe siècle, en 11 années.

Une écluse permet de franchir une dénivellation inférieure à 25 m. Quand celle-ci est supérieure, les bateaux disposent désormais d'ascenseurs. Ce sont des bacs de la taille d'une péniche, placés sur un plan incliné ; ils peuvent s'élever de 130 m en quelques minutes. Avant, pour gagner cette hauteur, il fallait passer 17 écluses.

Le grand canal serpente à travers Venise en formant un S, comme dans "Sérénissime", le surnom donné à la ville du XVe au XVIe siècle.

🔵 Une splendeur surgie de la lagune

Au VIe siècle après J.-C., les 118 îlots formant la ville actuelle de Venise, en Italie, devinrent un lieu permanent de peuplement. Le terrain, constitué de sédiments charriés pendant des siècles par les fleuves de la plaine du Pô, était sans cesse menacé par les eaux. Aussi, on s'employa à l'assécher en bâtissant des canaux de drainage. C'est ainsi qu'est né cet archipel unique au monde, divisé par un grand canal de 4 km et sillonné de petits canaux qu'enjambent plus de 150 ponts.

🟠 Une ville contre vents et marées

Amsterdam, aux Pays-Bas, fut édifié au XIIIe siècle à l'embouchure de la rivière Amstel par des pêcheurs. Par la suite, on éleva des digues et on perça des canaux de drainage destinés à assécher et à rendre cultivables les terres marécageuses des alentours. La ville, en grandissant, a peu à peu englobé ces terres agricoles et en a même gagné de nouvelles sur la mer (les polders). Le plan d'Amsterdam est organisé en cercles concentriques autour d'un réseau régulier de canaux où circulent des péniches et des bateaux de pêche.

L'un des plus beaux canaux d'Amsterdam, avec son quai bordé de maisons anciennes édifiées au XVIIe siècle pour de riches marchands.

Ferdinand de Lesseps, premier concepteur du canal de Panamá, dut se retirer du projet : des glissements de terrain, des difficultés techniques, des épidémies de malaria et de fièvre jaune causant la mort de milliers d'ouvriers et, pour finir, son implication dans un scandale financier eurent raison de ses ambitions.

Les quatre écluses du canal de Kiel (1895), en Allemagne, permettent de compenser les différences de niveau entre la mer du Nord, qui présente de fortes amplitudes de marées, et la mer Baltique, dont le niveau est constant. À l'entrée du canal, les navires reçoivent une balise qui sert à suivre leur progression sur les 98 km du parcours.

Au IXᵉ siècle avant J.-C., au nord de l'actuel Tunis (Tunisie), les Phéniciens fondèrent Carthage, un comptoir marchand qui devint un véritable foyer de civilisation en Méditerranée. Il possédait un port militaire, de forme circulaire, et un port commercial, de forme rectangulaire, qui communiquaient entre eux.

Pour le débarquement de Normandie (1944), les Alliés avaient établi, au large d'Arromanches, un port artificiel flottant pourvu de digues, de quais et de grues permettant de décharger les troupes, le matériel et les véhicules, ainsi que de jetées destinées à relier la côte.

Les grands ports

Ces gigantesques entreprises sont gérées par informatique. L'arrivée et le départ des centaines de millions de tonnes de marchandises qui y transitent chaque jour nécessitent l'emploi de personnel qualifié ainsi que la présence d'importantes installations et de vastes zones de stockage.

À chacun son rôle

Un grand port fonctionne 24 h sur 24 et emploie des milliers de gens qui aident les navires à entrer ou à sortir du port et les amarrent aux quais, chargent et déchargent les marchandises, travaillent aux services de douane et d'immigration ou bien assurent la sécurité. Certains bateaux ont une fonction spéciale : le bateau-pilote, très rapide, amène le pilote du port au navire ou le ramène à quai ; le remorqueur, petit, puissant et très maniable, sert à pousser ou à tirer les gros navires et les guide pour l'accostage ; le bateau-pompe est équipé pour combattre les incendies ; le garde-côte opère la surveillance en mer (lutte contre les trafics illégaux) et assure la sécurité (recherches et sauvetages).

Le ballet continuel des navires

Près de 350 navires arrivent et repartent chaque jour du port de Singapour (*photo ci-contre*). Leurs va-et-vient sont planifiés afin d'optimiser la rotation. Les plus gros sont des porte-conteneurs chargés de grandes caisses et pouvant contenir 20 000 t de marchandises, soit l'équivalent de 20 000 voitures par bateau. Des grues montées sur rails et se déplaçant le long d'immenses quais déchargent ces caisses, qui sont stockées sur des sortes de parkings. Elles sont ensuite transportées par voie ferrée ou routière. Des pétroliers viennent aussi livrer du pétrole brut aux raffineries des alentours. Enfin, il existe quatre terminaux, où accostent des navires de passagers.

Chaque mois, 3 300 ferries et 70 paquebots transitent par le port de Singapour. À l'arrière-plan, on aperçoit la forêt de grues.

Le port artificiel d'Arromanches comportait 60 navires désaffectés, 212 caissons dotés de canons antiaériens et de soutes abritant chacune 20 t de munitions. Les jetées ont permis le débarquement continu de 326 000 hommes, 54 000 véhicules et 104 000 t de ravitaillement.

Avec un volume de 443 millions de tonnes de marchandises en 2005, le port de Shanghai, en Chine, est le plus important du monde, devant Rotterdam (Pays-Bas), Hongkong (Chine) et Singapour. Mais il a besoin de s'étendre ; on construit donc un autre port en eau profonde sur des îles reliées à la côte par un pont.

Les tunnels

Les tunnels se sont beaucoup développés au XIXe siècle avec le trafic ferroviaire. Ils permettent de franchir les obstacles naturels dus au relief et de soulager des voies de communication très encombrées en surface. Ils facilitent aussi la circulation de trains à très grande vitesse.

Le trajet dans le tunnel sous la Manche dure environ 35 min. Les passagers équipés d'un véhicule empruntent la navette ferroviaire Shuttle.

● Sous le Mont-Blanc

Au début du XXe siècle, il ne fallait pas moins de trois jours pour aller, à pied ou à dos d'âne, de la Haute-Savoie (France) à la vallée d'Aoste (Italie) en contournant, par les cols, le massif du Mont-Blanc. Le tunnel du Mont-Blanc, mis en service en 1965 et dont le percement a nécessité sept ans, fait partie de la première génération des grands axes routiers. Il est constitué d'une galerie unique à double sens de circulation d'une longueur de 11,6 km. Depuis l'incendie de mars 1999, qui a causé la mort de 41 personnes, les normes de sécurité y ont été renforcées.

● Sous la Manche

Ouvert en mai 1994, l'Eurotunnel – tunnel ferroviaire reliant Calais (France) à Folkestone (Angleterre) – est long de 50 km, dont 39 sous la Manche. Il a été creusé dans une couche de craie à 50 m sous le fond de la mer. Il se compose en réalité de trois galeries en béton armé* : deux pour chaque sens de circulation, plus une galerie de service (pour l'entretien et l'acheminement de secours éventuels) ; cette dernière se situe entre les deux autres, auxquelles elle est reliée tous les 400 m par de petits passages.

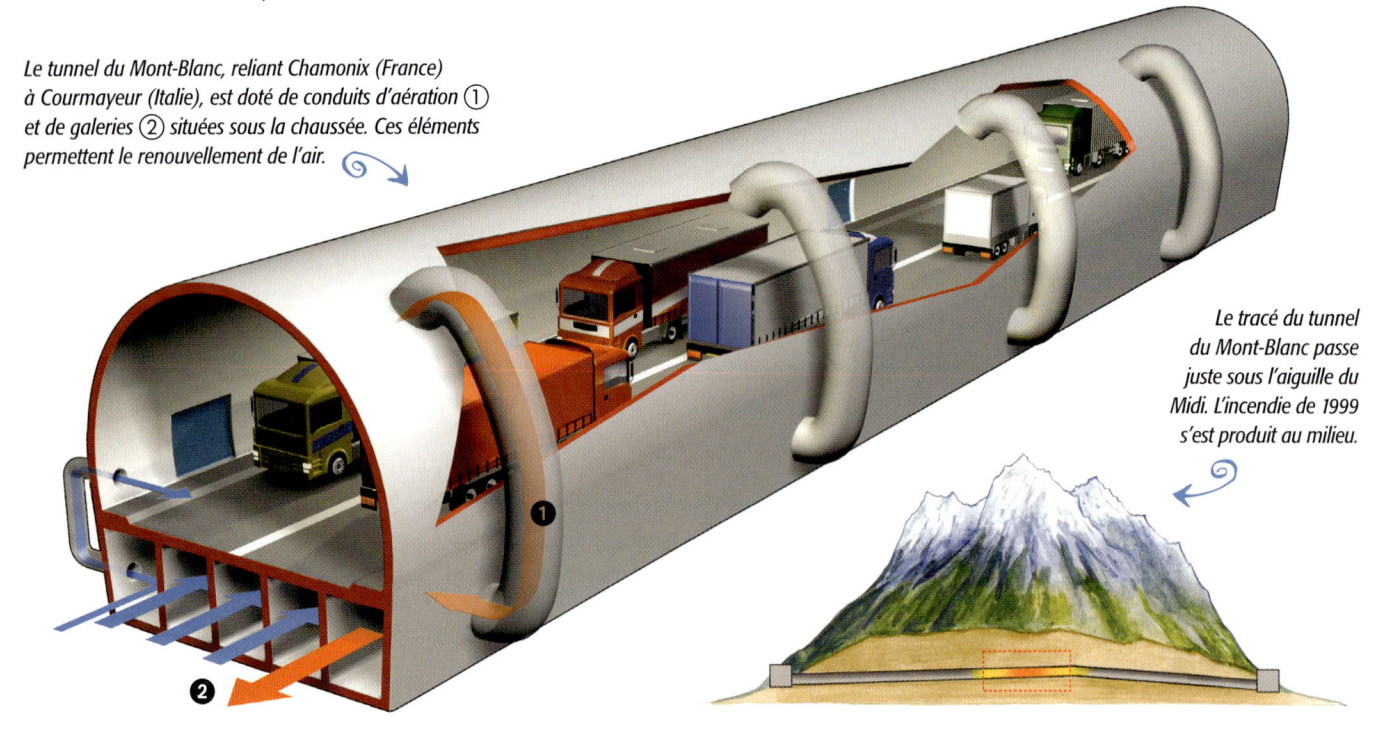

Le tunnel du Mont-Blanc, reliant Chamonix (France) à Courmayeur (Italie), est doté de conduits d'aération ① et de galeries ② situées sous la chaussée. Ces éléments permettent le renouvellement de l'air.

Le tracé du tunnel du Mont-Blanc passe juste sous l'aiguille du Midi. L'incendie de 1999 s'est produit au milieu.

Pour forer un tunnel, on a recours à des tunneliers. Leur tête entame et broie la roche, tandis que les gravats sont évacués vers l'arrière en permanence grâce à des trains suiveurs, puis chargés sur des camions-bennes. Fabriqués sur mesure, ces engins coûtent de 13 à 20 millions d'euros chacun.

La réalisation du tunnel du Mont-Blanc a nécessité près de 1 100 t d'explosifs pour faire sauter 850 000 m³ de roches ; pour soutenir la voûte, on a coulé 90 000 t de ciment dans des coffrages ; plus de quatre millions de litres de carburant ont été consommés par les engins de terrassement* et les camions de chantier.*

🔵 Sous la mer du Japon

Creusé sous le détroit de Tsugaru, au Japon, le tunnel sous-marin du Sei-Kan (54 km) est actuellement le plus long du monde dans sa catégorie. Une voie ferrée relie l'île d'Honshu (où se trouve Tokyo, la capitale) à l'île d'Hokkaido (la plus au nord de l'archipel nippon). Son point le plus bas est à 240 m sous le niveau de la mer et à 100 m sous le fond marin. Pour creuser ce tunnel dans la roche volcanique et donc instable du détroit, on a employé à certains endroits de la dynamite, réputée moins risquée que d'autres explosifs car elle est moins sensible aux chocs. Le tunnel a été mis en service en 1988, après 17 ans de travaux.

Dans le tunnel du Saint-Gothard (Suisse), des techniciens assurent la maintenance d'un tunnelier, dont on voit ici la tête de forage.

🟠 Sous le Saint-Gothard

Avec ses 57 km de long, le tunnel du Saint-Gothard, prévu pour 2015, sera le plus long tunnel ferroviaire du monde. Conçu comme l'extension d'un réseau existant sous le massif du Saint-Gothard, dans les Alpes suisses, il permettra à des trains de voyageurs de circuler à des vitesses pouvant atteindre 250 km/h. Il se composera de deux galeries parallèles à voie unique dotées de nombreux passages transversaux, afin que chacune d'elle puisse servir de tunnel de secours à l'autre en cas d'incident. Il traverse huit sortes de roches (gneiss, calcaire, marbre...), évacuées par des tapis roulants. Pour le concevoir, dix ans d'études ont été nécessaires ; les ingénieurs ont travaillé à partir de mesures prises par satellite et ont fait des simulations sur ordinateur. Ils ont aussi dû tenir compte du mouvement général de soulèvement des Alpes, qui est d'environ 1 mm par an.

Travailler dans un tunnel est une activité à risques. Au XIXᵉ siècle, la construction de ce genre d'ouvrages faisait des dizaines de morts au kilomètre. Le percement du tunnel sous la Manche, réalisé dans du calcaire relativement tendre, a tout de même coûté la vie à sept ouvriers côté français et treize côté anglais.

Dans le chantier du Saint-Gothard, dont le puits d'accès descend à 800 m de profondeur, un système de refroidissement a été installé qui rend supportable la chaleur dégagée à la fois par la roche et par les machines. En outre, de puissants ventilateurs évacuent la poussière et les substances nocives produites par les travaux.

Les métros

À la fin du XIXe siècle, l'accroissement de la population des grandes métropoles et l'engorgement des rues dû à la circulation ont rendu nécessaire la création d'un moyen de transport collectif rapide et peu encombrant. C'est ainsi qu'est née une sorte de chemin de fer souterrain : le métropolitain ou "métro".

Le métro de Londres (Angleterre)

Baptisé le "tube" en raison de sa forme cylindrique, ce métro possède le plus long réseau de voies du monde : 408 km au total, desservant 274 stations. C'est aussi le plus ancien : sa toute première ligne a été inaugurée en 1863. Pour construire les parties souterraines, on fit appel à deux techniques : l'une consista à éventrer le sol pour creuser des tranchées à ciel ouvert que l'on recouvrit ensuite ; l'autre revint à percer directement le sous-sol à une profondeur d'environ 20 m, quand la nature des sols le permettait. Le sud de Londres ne put ainsi recevoir autant de lignes que le reste de la ville car les sous-sols y étaient gorgés d'eau.

Le métro de Paris (France)

Mis en service 37 ans après celui de Londres, c'est le huitième plus vieux métro du monde. Il dispose de 14 lignes souterraines ou aériennes sur viaducs, totalisant 220 km et près de 300 stations, et se caractérise par la densité de son réseau. Le chantier débuta en 1898 sous la direction de Fulgence Bienvenüe, ingénieur des ponts et chaussées, et la première ligne fut inaugurée lors de l'Exposition universelle de 1900. La nature du sous-sol n'ayant pas permis de creuser, à l'époque, des tunnels très profonds, la plupart des lignes sont proches de la surface. Son parcours est sinueux parce qu'il suit souvent le tracé des rues.

Pour réaliser la partie du métro parisien qui devait passer sous la Seine, on a eu l'idée de congeler le sous-sol avec une solution de chlorure de calcium refroidie à -24 °C, une opération qui prit six semaines. On put ainsi travailler à sec le temps de rendre le tunnel étanche.

Le métro de Paris se distingue par son style architectural inspiré de l'Art nouveau. C'est Hector Guimard qui, en 1898, créa les entrées de station : élégants auvents* vitrés semi-circulaires, balustrades en fonte ornées d'arabesques végétales, longues tiges portant des globes en verre...

Le métro de New York (États-Unis)
Ouvert en 1904 et fonctionnant de nos jours 24 h sur 24, il compte le plus grand nombre de stations au monde : 468, réparties sur 26 lignes. Plus du tiers des rames circulent en surface tandis que la plus profonde des stations descend jusqu'à 60 m sous la terre. Le tracé aérien utilise des structures en acier ou en fonte, des viaducs en béton et des ponts ferroviaires. Le métro de New York, auquel se connectent sept réseaux annexes desservant des banlieues lointaines, conduit même à la plage.

Le métro de Moscou (Russie)
Inauguré en 1931, il est connu notamment pour sa profondeur, son efficacité et la magnificence de ses stations, qu'on appelle les "palais souterrains". En effet, certaines de ses salles voûtées sont ornées de lustres, de fresques, de mosaïques et de colonnades. Des sculptures célèbrent les hauts faits de l'histoire russe. Ainsi, à la station "Place de la Révolution", on peut voir des statues en bronze représentant les gardes rouges de la révolution d'octobre 1917, à la station "Komsomolskaïa", celle du maréchal Koutouzov, vainqueur de Napoléon en 1812, et à la station "Teatralnaïa", des figurines reproduisant les danseurs de toutes les républiques de l'ex-Union soviétique.

Le métro de Moscou, qui compte 12 lignes desservant 138 stations, transporte huit millions de voyageurs par jour, soit deux fois et demie le nombre de passagers des métros de New York ou Paris, et trois fois celui du métro de Londres ; sa construction a mobilisé 75 000 ouvriers pendant quatre ans.

À Moscou, sur la ligne circulaire du métro, une voix masculine signale que la rame circule dans le sens des aiguilles d'une montre et une voix féminine qu'elle circule dans le sens contraire. Sur les lignes droites, une voix masculine indique un déplacement vers le centre et une voix féminine vers la périphérie.

Les phares

De tout temps, les navigateurs ont eu besoin de repères visuels pour s'orienter et éviter les dangers de certaines côtes ou de certains fonds marins. Les ancêtres des phares étaient de simples plates-formes ou des tours sur lesquelles on allumait un feu. Celui d'Alexandrie fut le premier phare moderne.

● Le phare mythique d'Alexandrie

Symbole du rayonnement intellectuel de la ville sur toute la Méditerranée, le phare d'Alexandrie (*dessin ci-contre*) fut mis en service en 280 avant J.-C. Il est l'une des Sept Merveilles du monde (*voir p. 11*). Situé sur l'île de Pharos, face à la cité, il servait à guider les marins et faisait aussi partie du système d'alerte et de défense. Haut de 135 m, en calcaire blanc et en granit, il comptait trois étages : une tour carrée, une tour octogonale et une petite tour ronde à colonnade surmontée d'une statue. Grâce à un jeu de miroirs métalliques qui, par réverbération, en augmentait l'intensité, la lumière de son feu était visible à 50 km. À l'intérieur, une cinquantaine de pièces servaient de logement pour le personnel ainsi que d'entrepôt pour le bois utilisé comme combustible, acheminé grâce à une rampe permettant le passage du bétail.

● La destruction d'un symbole

Le phare d'Alexandrie fut victime de plusieurs séismes et d'une absence d'entretien. À la fin du Xe siècle, on y installa, au dernier étage, une mosquée, qui devint ainsi la plus haute du monde. En août 1303, il fut détruit par un nouveau séisme doublé d'un raz de marée. Il resta en ruines pendant plus d'un siècle et demi, jusqu'à ce que le sultan Qâyt-Bay utilise ses fondations ainsi que ses pierres pour construire un fort au même endroit.

UN PHARE EN FORME DE VOLCAN

Le volcan Stromboli, en Italie, est souvent appelé le "phare de la Méditerranée" car ses petites éruptions régulières (tous les quarts d'heure environ) en font depuis longtemps un signal lumineux naturel. Dans l'Antiquité déjà, les marins s'en servaient comme d'un repère.

Pharos, l'île qui était située en face du port d'Alexandrie (Égypte) et sur laquelle le phare fut construit, a donné son nom à tous les phares du monde.

Les phares ne sont pas les seuls à permettre le guidage des bateaux en mer : tout élément fixe et bien visible du paysage côtier, telles les flèches* des églises, sert aussi de repère aux marins. On appelle ces repères des "amers".

● Du feu de bois à l'halogène

Le plus vieux phare d'Europe, celui de Cordouan, a été édifié sous le règne d'Henri IV de 1593 à 1602. Au début, on y entretenait un feu de bois, que l'on remplaça par du charbon ; puis on installa des réverbères munis d'un système tournant à éclipses*. Au XIXe siècle, le dispositif se perfectionna grâce aux lampes à pétrole et à l'invention des lentilles optiques. Classé monument historique en 1862, le phare, électrifié en 1948, comporte une lampe halogène de 2 000 watts.

En France, le phare de Cordouan est le dernier à posséder un gardien à demeure.

Dans Le Phare du bout du monde, Jules Verne décrit les conditions de vie difficiles d'un gardien de phare en s'inspirant du phare construit en 1884 sur une île de la Terre de Feu (Argentine), sur la très dangereuse route maritime du cap Horn.

Longtemps, des gardiens ont assuré le fonctionnement et l'entretien des phares, vivant avec leur famille sur des îlots battus par la houle et balayés par le vent. La plupart des phares sont désormais automatisés et le guidage des bateaux se fait par satellite.

Les observatoires astronomiques

Depuis toujours, les hommes scrutent le ciel, cherchant à percer ses mystères. Les premiers observateurs ne disposaient d'aucun appareil ; ils ont ensuite construit des bâtiments destinés à abriter des instruments, d'abord mécaniques, puis optiques. De nos jours, l'électronique de pointe permet une étude de plus en plus poussée d'un univers en constante évolution.

● Dans la transparence de l'Atacama

Géré par une dizaine de pays européens, l'observatoire du Cerro Paranal est l'un des plus puissants du monde. Il est situé à 2 640 m d'altitude dans le désert d'Atacama, zone du Chili réputée pour la transparence de son air. Son Très Grand Télescope (*Very Large Telescope*), doté de miroirs optiques ultraperformants, permet une observation optimale du ciel. En raison des séismes qui se produisent dans la région, les bâtiments qui le composent ont été construits selon les normes antisismiques.

L'observatoire du Keck est implanté au sommet du Mauna Kea, un volcan éteint des îles Hawaii.

Le Très Grand Télescope (Very Large Telescope) de l'observatoire du Cerro Paranal est constitué de quatre télescopes de 8,20 m de diamètre chacun.

● Les supertélescopes d'Hawaii

Les deux télescopes américains Keck de l'observatoire du Mauna Kea (un volcan éteint de l'archipel des îles Hawaii, en plein océan Pacifique) se placent au premier rang mondial, d'une part en raison de leur altitude (4 200 m), d'autre part pour leur puissance (10 m de diamètre chacun). Ils sont dépassés de très peu (40 cm) depuis l'été 2007 par un nouveau télescope installé aux îles Canaries.

Les premières observations du ciel se firent à l'œil nu, à partir de simples plates-formes construites en hauteur. À Chichén Itzá (Mexique), au VII" siècle, les Mayas ont innové en construisant pour leurs observations astronomiques une tour ronde percée d'ouvertures à son sommet.

Les premiers observatoires modernes, dotés d'instruments optiques et surmontés d'une coupole, furent créés à la fin du XVII" siècle en Angleterre, en France et en Chine, pour les besoins de la navigation. En effet, pour se repérer en mer, il était nécessaire de relever la position du Soleil, de la Lune ou de l'étoile Polaire.

Oreilles géantes à l'écoute du cosmos

Le radiotélescope d'Arecibo (*photo ci-dessus*), à Porto Rico, "écoute" les astres en captant leurs ondes radio. Avec ses 300 m de diamètre, il surpasse ceux de Greenbank (États-Unis) et d'Effelsberg (Allemagne). Pour atteindre cette taille, irréalisable techniquement, il a suffi d'utiliser une cuvette naturelle et de la tapisser de près de 39 000 plaques métalliques réfléchissant les ondes radio vers une antenne suspendue au-dessus. Inconvénient : comme il est creusé dans le sol, ce radiotélescope ne peut pas suivre les astres dans leur mouvement mais se contente d'"écouter" ceux qui passent au-dessus de lui, ce qui en élimine beaucoup.

ENTRE ASTROLOGIE ET CLIMATOLOGIE

L'observatoire de Jaipur (Inde du Nord) fut construit en 1728 pour un maharadjah passionné d'astronomie et persuadé que les astres influaient sur les destinées. Pour choisir le jour le plus favorable à un mariage, une fête ou un voyage, il fallait localiser les planètes. D'où cet ensemble de 18 cadrans solaires et cercles de pierre – certains faisant 27 m de haut – permettant de voir les astres avec une précision inégalée. Sur l'un des cadrans, on pouvait lire l'heure à la seconde près.

Rendez-vous avec le Soleil et la Lune

Perché à 2 877 m d'altitude dans les Pyrénées (France), l'observatoire du Pic du Midi est le premier grand observatoire moderne à avoir été installé, en 1878, au sommet d'une montagne. Pour le construire, on procéda à des travaux de terrassement* et de nivellement du sol. On y installa l'électricité en 1949 ; un téléphérique permit ensuite d'y accéder en toute saison. Il possède notamment un télescope destiné à photographier la surface de la Lune, qui fut financé par la NASA* afin de mettre au point les missions Apollo. L'un des bâtiments, dont le toit est une coupole rétractable, abrite une lunette permettant l'étude du Soleil.

Installé à 2 877 m d'altitude, l'observatoire du Pic du Midi bénéficie d'un air totalement pur.

Le radiotélescope d'Arecibo a notamment pour mission d'écouter le ciel à la recherche de signaux radio "intelligents" émis par des civilisations extraterrestres. En 1974, il a été utilisé comme émetteur d'un message de la Terre, envoyé vers un amas d'étoiles de la constellation d'Hercule susceptible de posséder des planètes habitées.

Au centre de l'Antarctique, à 3 233 m d'altitude, une base scientifique appelée Concordia a été créée, sorte de ville artificielle coupée du monde durant neuf mois et où la température peut descendre jusqu'à -84 °C. La qualité parfaite de l'air et les trois mois de nuit complète en font un site d'exception pour observer le ciel.

Le barrage d'Assouan (1970), implanté sur le Nil (Égypte), est un ouvrage digne des pharaons ! Sa construction, qui a abouti à la création du lac artificiel Nasser, menaçait les temples d'Abou Simbel et de Philae. Il fallut les démonter pierre par pierre et les remonter plus loin en hauteur.

Le barrage de la baie James (1973), situé au Canada, possède cinq centrales hydroélectriques, dont l'une est dotée d'un mur de béton haut de 160 m. Les 18 000 ouvriers affectés au chantier ont vécu dans des campements, au sein d'une région totalement isolée et sauvage.

Le barrage des Trois-Gorges (Chine), situé sur le fleuve Yangzi Jiang et achevé en 2006 est le plus grand barrage du monde : 2 309 m de long sur 185 m de haut. On voit ici l'écume qui se forme lorsque l'eau est évacuée.

Les barrages

Ces gigantesques constructions sont destinées à produire de l'électricité à partir de la force de l'eau, une source d'énergie réutilisable et non polluante. Il existe plusieurs formes de barrages, en fonction du relief, de la nature du sol et de la place disponible.

Maîtriser la force de l'eau

Souvent constitué de béton, le barrage est construit en travers d'un fleuve ou d'une rivière afin d'en suspendre le cours. L'eau, retenue prisonnière, s'accumule en un lac ① dont la masse exerce une pression phénoménale sur le barrage. Quand elle est libérée, cette eau passe dans des conduites forcées ② et entraîne des turbines ③ reliées à un générateur ④ qui produit de l'électricité. Des vannes peuvent s'ouvrir pour évacuer le trop-plein d'eau vers l'aval ⑤ afin que l'édifice ne soit pas submergé. Le barrage permet aussi de réguler le débit d'un cours d'eau et d'éviter les crues dévastatrices. Le lac de retenue constitue quant à lui un réservoir pour l'irrigation et pour la consommation, et parfois une base de loisirs.

S'adapter au terrain

Un barrage-voûte.

Le barrage-voûte (*voir dessin ci-contre*) est utilisé dans les vallées étroites. Sa forme courbe tournée vers l'amont ⑥ reporte la poussée de l'eau vers les rives, notamment dans les régions de montagne où l'apport d'eau peut augmenter brutalement.

Le barrage-poids est implanté dans une vallée large, sur un sol très dur. De profil triangulaire et construit en béton armé*, il résiste à la poussée de l'eau grâce à sa seule masse et peut affronter de grandes crues sans céder. Les plus grands barrages du monde, tels ceux des Trois-Gorges (Chine) et d'Itaipu (Brésil-Paraguay), sont de ce type.

Le barrage en enrochement est un ouvrage plat formé d'une masse de roches ou de terre ; seules ses parois sont bétonnées. Il offre une bonne résistance en zone sismique.

Le barrage d'Itaipu (1979), construit en 16 ans sur le Paraná, fleuve qui sépare le Brésil et le Paraguay, est considéré comme l'une des sept merveilles du monde moderne. Il se place au septième rang mondial par son débit et produit environ 35 % de l'électricité du Brésil et près de 95 % de celle du Paraguay.

La réalisation des barrages suscite parfois de vives oppositions car elle est source de préjudices pour les populations qui vivent alentour. Ainsi, la construction de celui des Trois-Gorges (Chine) a entraîné la disparition de 25 000 ha de terres agricoles, ainsi que le déplacement et le relogement de 2 millions de personnes.

Les centrales électriques

Qu'il s'agisse de centrales marémotrices, éoliennes, thermiques, géothermiques, solaires ou nucléaires, le but est le même : produire de l'électricité. La conception et la construction de ces équipements chargés de transformer des ressources naturelles en énergie représentent souvent des défis technologiques monumentaux.

Un parc éolien au Danemark
L'éolienne utilise la force motrice du vent : elle comporte une nacelle, placée sur un mât, et une hélice composée de pales. Équipée d'un moteur, la nacelle s'oriente face au vent, qui fait tourner les pales ; ce mouvement de rotation est converti en électricité grâce à un générateur. L'énergie ainsi produite est transférée dans une boîte située à la base du mât, qui est reliée, avec des câbles sous-marins spécialement adaptés, au réseau électrique général. Le Danemark a largement développé de tels parcs éoliens en mer car le vent n'y rencontre aucun obstacle ; il souffle donc fort et dans une direction constante.

Près de Barcelone (Espagne) se trouve une centrale thermique dotée de trois cheminées hautes de 200 m. Un ascenseur montant à une vitesse de 6,5 m/s permet d'accéder à une plate-forme. De là, pour rejoindre le sommet, on emprunte des escaliers, puis une échelle, située à 90 m de hauteur.

Dans les années 1960, un ingénieur américain a imaginé une centrale solaire mise en orbite autour de la Terre. Des panneaux géants, tapissés de cellules photoélectriques, devaient transformer la lumière du Soleil en électricité, puis l'envoyer sous forme de micro-ondes vers une centrale réceptrice située dans le désert.

La centrale solaire de Targassonne (France)

Dans sa première version, en 1983, cette centrale utilisait un champ de miroirs qui suivaient le mouvement du Soleil et renvoyaient sa chaleur vers un réservoir d'eau situé au sommet d'une tour de 100 m de haut ; la vapeur ainsi produite entraînait des turbines produisant de l'électricité. N'ayant pas prouvé leur rentabilité, la centrale et ses miroirs furent convertis pour une utilisation astronomique. Depuis l'automne 2007, l'installation a retrouvé sa fonction première, mais ce sont cette fois des panneaux de cellules solaires qui convertissent la lumière (et non plus la chaleur) du Soleil en électricité.

La centrale nucléaire de Nogent-sur-Seine (France)

Une centrale nucléaire comporte un ou plusieurs réacteurs. Ces cuves en acier spécial renferment des barres d'uranium radioactives, dont la fission provoque un grand dégagement de chaleur ; celle-ci chauffe l'eau d'un premier circuit fermé, qui, à son tour, réchauffe l'eau d'un deuxième circuit, produisant ainsi de la vapeur qui actionne des turbines. Ces turbines, reliées à des bobines de fil métallique (alternateurs), vont produire le courant électrique. Par les cheminées en béton s'évacue la vapeur d'eau ayant servi à actionner les turbines pour éviter que ne soit rejetée dans la nature une eau trop chaude.

L'usine marémotrice de la Rance (France)

La réalisation, en 1966, de cette centrale sur l'estuaire de la Rance, fleuve qui se jette dans la Manche, a constitué un grand défi technique : il a fallu d'abord couper provisoirement la liaison entre la baie et le fleuve. Une fois le site asséché, on a construit en travers du fleuve une digue creuse en béton armé*, qui renferme 24 turbines ainsi que l'équipement pour la production électrique. À cet endroit, l'écart du niveau d'eau entre la marée basse et la marée haute est très important ; on peut donc exploiter le courant de marée pour produire de l'électricité grâce aux turbines reliées aux alternateurs.

VIVE LE CHAUFFAGE PAR LE SOUS-SOL !

L'Islande possède une intense activité volcanique. Aussi y a-t-on favorisé la production d'électricité par géothermie. Le principe consiste à faire bouillir de l'eau en l'injectant au plus profond du sous-sol, où elle se retrouve en contact avec le magma, une roche liquide à haute température ; puis on récupère la vapeur d'eau pour alimenter des centrales. À Reykjavik, la capitale, on se baigne dans le "lagon bleu", chauffé grâce à une centrale située à proximité.

Reykjavik (Islande) a été la première ville au monde à se doter d'un chauffage urbain par géothermie, qui alimente 80 % de son territoire. Dès 1930, quelque 100 maisons, deux piscines, un hôpital et une école étaient chauffés ainsi. Pour combattre le verglas, on a équipé des routes de conduits d'eau chaude souterrains.

L'implantation d'éoliennes en mer pose des problèmes de coût et de maintenance ; il faut des structures porteuses et des ancrages (caissons en béton) capables de résister à la force du vent, des vagues, du courant et à la corrosion due au sel marin. C'est pourquoi on envisage un système d'éoliennes flottantes.

La plate-forme pétrolière Hibernia (Canada) mesure 224 m de haut et produit 230 000 barils de pétrole par jour. Pour qu'elle puisse résister aux icebergs dérivant du Groenland, elle a été lestée au moyen d'un soubassement en béton ultrarésistant renforcé par de l'acier, dont le poids lui permet de rester stable au fond de la mer.

Lorsqu'un gisement est épuisé (en général au bout de 25 ans), on doit détruire les plates-formes. Mais certaines sont parfois revendues pour d'autres usages. Ainsi celles qui sont installées dans les eaux internationales peuvent-elles être reconverties en casinos ou servir de siège social à des entreprises cherchant à éviter de payer des impôts.

Les plates-formes offshore

Le pétrole et le gaz extraits de gisements marins représentent près du quart des réserves mondiales, d'où l'importance des plates-formes implantées au large des côtes. Depuis peu, on parvient à atteindre des gisements situés à 3 000 m de profondeur.

🔴 Les différents types de plates-formes

Pour pomper le pétrole et le gaz, il existe des plates-formes fixes et des plates-formes flottantes, mobiles ou non. Le choix se fait en fonction de la nature du sol (dur ou meuble), de la profondeur de l'eau et des conditions climatiques parfois extrêmes (vagues de 30 m de haut en mer du Nord). Soit la plate-forme est ancrée dans le sol au moyen de fondations rigides, soit elle flotte grâce à ses gros piliers remplis d'eau. Une fois extrait, le pétrole est séparé du gaz et débarrassé de ses impuretés (sel de mer, soufre...). Il peut être transvasé sur des navires de stockage ou acheminé, comme le gaz, par des pipelines* sous-marins vers les raffineries de la côte.

🟢 La construction d'une plate-forme

Une plate-forme peut être construite sur la terre ferme ou, comme en Norvège, dans des fjords spécialement aménagés. Elle est ensuite remorquée jusqu'au gisement, redressée et positionnée à l'endroit souhaité. Certaines sont transportées sur de très grands navires qui, une fois sur place, se laissent en partie submerger pour libérer leur charge. Mais il faut parfois avoir recours à de gigantesques grues pour les décharger, surtout quand elles ont la taille d'un gratte-ciel !

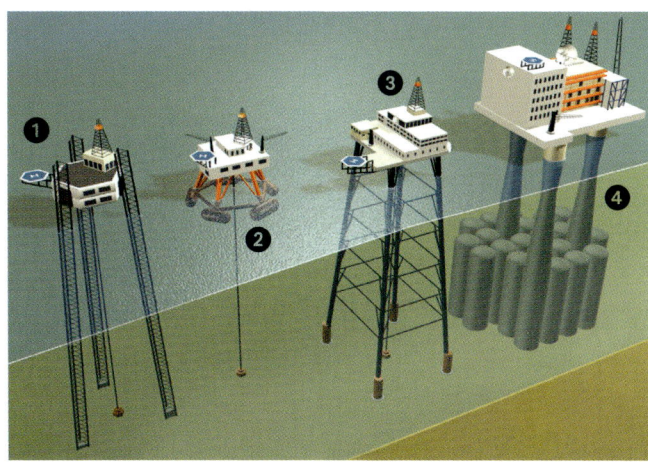

① *Plate-forme auto-élévatrice, dont la partie flottante monte et descend le long des piliers.*

② *Plate-forme flottante mobile, reconnaissable à ses flotteurs.*

③ *Plate-forme fixe reposant sur des piliers en acier.*

④ *Plate-forme fixe reposant sur des piliers et un soubassement en béton.*

La tour de forage fixe Petronius (Mexique), implantée sous l'eau à 535 m de profondeur, est l'une des plus hautes du monde ; son ossature métallique et ses fondations ont été conçues de façon à pouvoir bouger au gré des mouvements du vent et des vagues.

Sur une plate-forme, la sécurité est un souci majeur. C'est pourquoi il y a toujours un bateau-pompe à proximité, capable d'intervenir en cas d'incendie. Certaines plates-formes sont aussi équipées de bateaux de sauvetage prêts à être propulsés en mer si un incident grave se produit.

Les lieux de spectacle

Dans l'Antiquité grecque et romaine, les divertissements étaient gérés par l'État, qui faisait construire des lieux de spectacle. Les théâtres, les opéras et les stades, où l'on vient aujourd'hui applaudir des artistes et des sportifs, sont les héritiers de ces scènes antiques.

Le Colisée de Rome doit son nom à ses proportions gigantesques : Colisée vient du latin colosseum*, qui a donné "colosse" en français.*

🔴 Une prouesse acoustique

Édifié en Grèce trois siècles avant J.-C., agrandi afin d'accueillir jusqu'à 14 000 personnes, le théâtre d'Épidaure est le plus vaste théâtre antique. Avec ses gradins à ciel ouvert, il a servi de modèle à bien d'autres théâtres. On y assistait à des spectacles de tragédie et de comédie, conçus sous forme de concours. Il est réputé pour son acoustique, qui permet à des spectateurs placés au dernier rang d'entendre des acteurs parlant à voix basse ou le bruit d'une pièce de monnaie tombant sur le sol.

Le théâtre d'Épidaure, édifié à flanc de colline, doit son bon état de conservation à la pinède qui l'a recouvert durant des siècles.

🟢 Un théâtre colossal

Avec ses 527 m de circonférence, le Colisée de Rome est le plus vaste amphithéâtre du monde antique. Construit en huit ans à la fin du Ier siècle après J.-C., il se caractérise par sa forme ovale et ses trois rangs d'arcades superposés ; 60 000 personnes pouvaient y assister à des courses de chars, des chasses, des batailles navales (qui nécessitaient de remplir l'arène d'eau), des combats de gladiateurs, des exécutions de condamnés livrés aux bêtes sauvages… Un plancher masquait les cages des fauves qui, hissés grâce à un monte-charge, surgissaient brusquement par des trappes, ce qui produisait un effet stupéfiant. On y avait aussi installé une sorte de store géant, que l'on dépliait en cas de pluie ou de grand soleil.

Le théâtre d'Épidaure (Grèce) était connu dans tout le monde grec antique car il faisait partie d'un sanctuaire dédié à Asclépios, dieu de la Médecine, situé à quelques mètres du théâtre. Outre les représentations classiques, on organisait en ce lieu, en l'honneur d'Asclépios, des épreuves sportives et musicales.

Les jeux du cirque ont donné lieu à des combats sauvages lors desquels des milliers de gladiateurs et d'animaux ont péri : afin d'absorber le sang versé, on recouvrait le sol avec du sable, dont le nom latin est arena*. Ce terme a donné en français "arène", lieu où l'on s'affronte.*

🔵 L'opéra du bout du monde

Achevé en 1973 d'après les plans de l'architecte danois Jørn Utzon, cet opéra en front de mer est supporté par 580 piliers en béton s'enfonçant jusqu'à 25 m au-dessous du niveau de l'eau. Pour élever la structure très originale du toit, qui évoque la forme de coquillages, on a utilisé, pour la première fois au monde, du silicone, une résine synthétique très légère mais aussi résistante que l'acier. La baie vitrée centrale qui, malgré ses 34 m de hauteur, se présente d'une seule tenue, constitue une prouesse technologique. Les dalles blanches vernissées qui recouvrent la toiture ont été faites dans un granit importé de Suède.

Vu de la mer, l'opéra de Sydney, en Australie, présente sa gracieuse silhouette en forme de coquillages.

LA LIBERTÉ OU LA MORT !

Parmi les gladiateurs prêts à en découdre férocement dans l'arène se trouvaient parfois des prisonniers : en cas de victoire, ils pouvaient recouvrer leur liberté. L'empereur Constantin voulut faire cesser ces combats, mais la population refusa d'en être privée. C'est sous la pression de l'Église que cette pratique fut abandonnée.

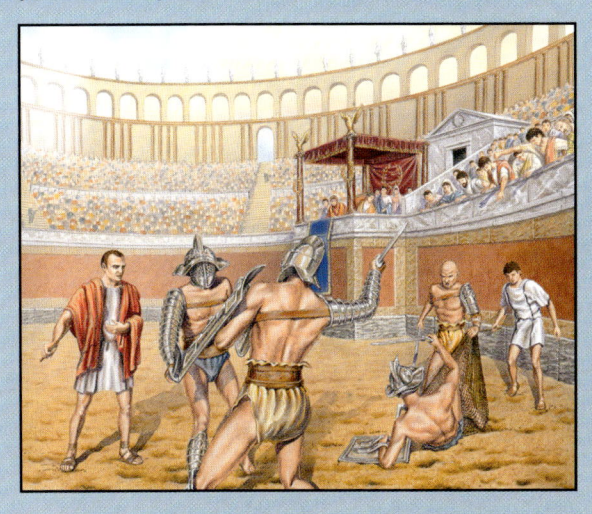

🟠 Un toit suspendu dans le ciel

Doté d'une capacité de 80 000 places, le stade de France, construit à Saint-Denis, aux portes de Paris, pour la Coupe du monde de football de 1998, est le plus grand du pays. La réalisation de son toit, suspendu à 40 m de hauteur, et celle de ses 18 escaliers monumentaux en forme de proue ont représenté un véritable défi technique, de même que celle de la tribune basse, dont les gradins mobiles peuvent être reculés afin de permettre à l'édifice d'atteindre les dimensions d'un stade olympique.

Le stade de France accueille des compétitions sportives ainsi que des concerts et des représentations à grand spectacle.

Inspirées du Colisée de Rome et datant de la même période, les arènes de Nîmes (France) comptent 34 rangs de gradins, 5 galeries et 126 escaliers. Dans cet édifice en pierre calcaire très bien conservé, plus de 20 000 personnes pouvaient assister à des combats de gladiateurs ; il est maintenant utilisé pour les spectacles de tauromachie.

Le plus grand de tous les stades est le légendaire Maracana, à Rio de Janeiro (Brésil), construit pour accueillir la Coupe du monde de football de 1950. Il dispose de 150 000 à 180 000 places, soit la population de l'agglomération d'Amiens (France). Grâce à ses larges rampes extérieures, il peut être évacué en moins d'un quart d'heure.

Les grands musées

Le prestige des grands musées tient à la richesse de leurs collections, acquises au fil des siècles par des amateurs d'art, qu'ils soient des personnages d'État ou de riches citoyens ainsi qu'à leur architecture. Certains sont logés dans des palais, d'autres dans d'anciens bâtiments industriels ou encore des édifices spécialement créés pour eux.

Les formes courbes du musée Guggenheim de Bilbao sont le fruit de calculs informatiques très complexes.

De verre, de pierre et de titane

L'architecture du musée Guggenheim, ouvert en 1997 à Bilbao (Espagne) et consacré à l'art du XXe siècle, est due à l'Américain Frank Gehry (voir p. 9). Le musée a été conçu comme une sculpture dont les volumes s'imbriquent. Le revêtement des parties octogonales est en calcaire, celui des parties courbes en panneaux de titane, un métal ultrarésistant. Au centre se trouve un vaste espace vide, qu'une verrière en forme de fleur inonde de lumière naturelle. Les trois niveaux de galeries sont reliés par des passerelles suspendues au plafond et par des ascenseurs vitrés.

Un paquebot ancré au cœur de Paris

Depuis son inauguration en 1977, le Centre Pompidou insère au cœur de Paris son vaste parallélépipède de 166 m de long sur 60 m de large et 42 m de haut. Pour libérer l'espace intérieur, les architectes (voir p. 9) ont reporté à l'extérieur les structures techniques du bâtiment (poutres, canalisations, système d'aération...), habituellement dissimulées. Des passerelles métalliques et des tubes transparents abritant les escalators parcourent la façade. Le Centre renferme notamment un musée d'art du XXe siècle et une bibliothèque publique.

Avec ses cheminées et ses tuyaux colorés, le Centre Pompidou tient à la fois du paquebot et de la raffinerie de pétrole.

Le British Museum de Londres (Angleterre) possède de riches collections d'archéologie du Proche-Orient, dont des tablettes d'argile en écriture cunéiforme. Il recèle aussi la célèbre pierre de Rosette, trouvée lors de la campagne d'Égypte de Bonaparte (1799) : grâce à elle, Champollion perça le secret des hiéroglyphes.

Sur une île au cœur de Berlin (Allemagne) sont notamment réunis deux des plus prestigieux musées du monde : le musée de Pergame, qui réunit d'inestimables trésors archéologiques, et l'Ancienne Galerie nationale, spécialisée dans l'art du XIXe siècle.

● Un palais aux richesses royales

Forteresse bâtie à Paris par Philippe-Auguste à la fin du XIIe siècle, remaniée et agrandie par les souverains successifs, le Louvre fut transformé en musée après la Révolution afin d'exposer les objets d'art qui décoraient les appartements royaux. On peut y admirer des tableaux de la Renaissance italienne acquis par François Ier, dont la célèbre *Joconde* de Léonard de Vinci. Au XIXe siècle, Napoléon Ier fit ajouter l'aile nord pour y entreposer les œuvres pillées durant ses conquêtes, notamment celles effectuées au Moyen-Orient, et Napoléon III lui apporta ses derniers agrandissements. Ce musée abrite l'une des plus riches collections du monde, dont seuls 10 % sont exposés.

UN MUSÉE DANS UNE GARE

À Paris, la gare d'Orsay, réalisée pour l'Exposition universelle de 1900 puis désaffectée, est devenue en 1986 un musée dédié à l'art de la seconde moitié du XIXe siècle. L'architecture de type industriel de la gare a été conservée : piliers et poutres en fonte, larges verrières éclairant généreusement l'allée centrale, grosse horloge…

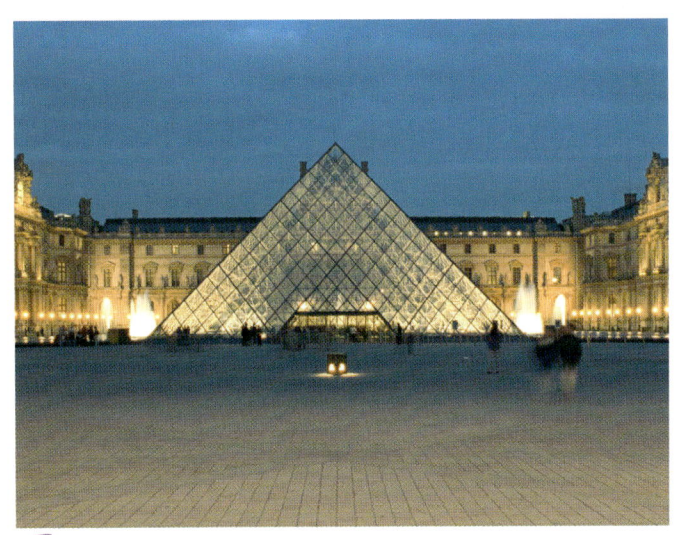

Le Louvre, vénérable résidence de nombreux rois de France, s'est vu adjoindre au XXe siècle une pyramide de verre ultramoderne.

● Un musée tout en rondeurs à Manhattan

Le musée Guggenheim de New York (États-Unis) est l'œuvre de l'Américain Frank Lloyd Wright. Haut de 28 m et constitué de quatre étages de béton en forme de cercles, il s'évase vers son sommet. Dans cet édifice novateur, pas de salles cloisonnées mais un espace d'exposition ouvert et continu constitué d'une rampe en spirale qui se déroule jusqu'au sol. Le tout est dominé par une vaste coupole vitrée, seule source de lumière naturelle. En 1992, la surface de ce musée dédié à l'art des XIXe et XXe siècles a été triplée avec l'ajout d'une tour.

Les formes rondes du musée Guggenheim de New York (1959) contrastent avec l'aspect rectiligne des immeubles alentour.

Au Centre Pompidou, à Paris, les couleurs vives des tuyaux extérieurs ont une fonction autant technique qu'esthétique : bleu pour les conduites d'air conditionné, vert pour les canalisations d'eau, jaune pour les lignes électriques, rouge pour les ascenseurs et les escalators, blanc pour les gaines de ventilation.

Dans la cour Napoléon du Louvre, à Paris, se dresse une pyramide édifiée en 1989 par Ieoh Ming Pei, un architecte sino-américain. Elle reproduit en miniature la grande pyramide de Khéops (Égypte). Sa verrière de près de 100 t est faite d'un assemblage de 673 losanges et triangles insérés dans une armature en acier.

Les forts et les villes fortifiées

Au Moyen Âge, en Europe comme en Asie, on a édifié des remparts renforcés par des tours de guet et criblés de meurtrières pour protéger les villes ayant une position stratégique ou détenant des richesses ; ces remparts étaient munis de portes que l'on fermait la nuit ou en cas d'attaque.

● Une place forte royale

Construite sur un promontoire entre la France et l'Espagne, la cité de Carcassonne (*dessin ci-contre*) constitue le plus grand ensemble connu de fortifications médiévales. Occupé par l'homme dès le VIe siècle avant J.-C., le site fut pourvu d'un château au XIIe siècle. Au XIIIe siècle, ayant donné asile aux Albigeois, la ville fut prise lors de la croisade du même nom par le chevalier de Montfort. En 1240, l'enceinte intérieure fut doublée d'une enceinte extérieure. La cité devint alors une forteresse inattaquable. Au XIXe siècle, elle fit l'objet d'une vaste restauration, sous la conduite de l'architecte Viollet-le-Duc.

● La fortune des mers

Brouage, ville de Charente-Maritime perdue au milieu des pâtures, fut jadis un port prospère. Pourvoyeuse de sel, une denrée produite dans les marais salants voisins, elle fut intégrée au domaine royal et s'entoura de remparts en 1569. En 1630, Richelieu ordonna l'édification d'une enceinte de 2 km, défendue par sept bastions (éléments en saillie à cinq côtés) aménagés par Vauban.

● Un fort sur la route de la Soie

En Inde, l'une des plus belles et des plus imposantes citadelles est sans doute celle de Jodhpur. Située sur l'ancienne route de la Soie, la vieille ville, fondée en 1459, fut entourée un siècle plus tard d'une enceinte longue de 10 km et percée de sept portes. Surplombant la ville à 125 m d'altitude se trouve un fort dont certains murs ont plus de 5 m d'épaisseur et 20 m de hauteur.

DES FORTS EN ZIGZAG

La forme en zigzag des forts créés par Vauban, grand ingénieur militaire du XVIIe siècle, permet de retarder les attaquants et d'éviter les tirs de canon en enfilade.

Aigues-Mortes (France) est une cité fortifiée créée de toutes pièces sur la Méditerranée afin de servir de port aux troupes qui partaient vers des terres lointaines pour convertir les musulmans au christianisme. Le roi Saint Louis y embarqua, au XIIIe siècle, pour les 7e et 8e croisades.

C'est à Brouage (France) qu'est né, vers 1570, Samuel Champlain, découvreur du Canada et fondateur de la Nouvelle-France, le futur Québec.

Vauban eut le génie de concevoir l'attaque et la défense d'une position militaire comme une entreprise rationnelle et scientifique. Il écrivit un traité qui fut traduit en 15 langues, et qui est resté en vigueur jusqu'à la fin du XIXe siècle.

Pourquoi la ville de Brouage a-t-elle été construite et fortifiée ? Parce que le sel, dont elle assurait le négoce, était jadis une denrée précieuse. Cet "or blanc", qui permettait notamment la conservation des aliments à une époque où les réfrigérateurs n'existaient pas, a fait la fortune de dynasties de négociants.

Les murs et les fortifications

De tout temps, les hommes ont eu besoin de se protéger en édifiant des murs, le plus souvent fortifiés. De la grande muraille de Chine au mur de l'Atlantique, le but est le même ; seul évolue le système de défense, adapté aux techniques de guerre et aux armes en vigueur. Certains murs, tel celui de Berlin, ont une autre vocation : l'isolement.

● Un mur contre les envahisseurs

La grande muraille de Chine (*photo ci-dessous*) est la plus longue et la plus colossale construction humaine du monde. Elle s'étend d'ouest en est sur 6 000 km, du désert de Gobi à la frontière coréenne ; il ne s'agit pas d'un mur continu, mais de plusieurs tronçons, qui parfois se doublent ou se triplent. Commencée dès le VIIe siècle avant J.-C., elle fut agrandie par l'empereur Qin Shi Huang au VIIe siècle avant J.-C., puis évolua en fonction des besoins. Elle fut d'abord un simple muret destiné à empêcher les troupeaux des tribus voisines de se mélanger avec ceux de l'Empire chinois, afin de prévenir tout conflit. Sous la dynastie des Han (206 avant J.-C.–220 après), elle fut agrandie ; puis les empereurs Ming (1368-1644) la complétèrent par un nouveau tronçon pour se prémunir contre les attaques des Mongols et des Turcs. La taille de cette enceinte crénelée varie selon le relief : dans les plaines et les passages stratégiques, elle est haute et large, alors qu'elle est basse et étroite dans les montagnes, qui tiennent lieu de barrière naturelle. Large de 8 à 10 m, elle permettait à cinq cavaliers de circuler de front. Elle est percée de plusieurs milliers de portes fortifiées et jalonnée de bastions (*voir p. 56*) et de tours d'où des guetteurs envoyaient des signaux de fumée jusqu'à Pékin.

Les matériaux de construction de la grande muraille de Chine ont évolué en fonction de l'époque et du lieu : on est ainsi passé de la terre et des cailloux aux couches de terre battue, aux gros blocs de pierre sèche ou aux briques d'argile, dont on renforçait la résistance en ajoutant de la farine de riz.

L'édification de la grande muraille de Chine a mobilisé, au fil des siècles, plusieurs millions de soldats, de forçats et de paysans réquisitionnés. Avec la quantité totale de matériaux employés, on pourrait construire une route à deux voies faisant 10 fois le tour de la planète.

🫒 Un rempart en Méditerranée

Au cœur de la Méditerranée, l'île de Malte jouit d'une position stratégique. Tout au long du XVIᵉ siècle, elle dut faire face aux assauts répétés des Ottomans et, en 1566, La Valette, sa capitale, connut le plus long siège de son histoire. Le grand maître des chevaliers de l'Ordre de Malte décida alors de doter le port de puissants remparts jalonnés de bastions (voir p. 56). Sur les conseils de l'architecte militaire du pape de Rome, la ville fut en outre organisée selon un plan régulier en damier, avec des rues se coupant à angle droit ; elle se couvrit de monuments prestigieux réalisés dans une pierre calcaire qui lui donne son unité architecturale.

Le port fortifié de La Valette fut établi sur des promontoires rocailleux, qu'il fallut niveler avant de bâtir le reste de la cité.

🫒 Un barrage sur l'Atlantique

Le mur de l'Atlantique fut édifié par les Allemands en 1942, pendant la Seconde Guerre mondiale, le long des côtes françaises de la mer du Nord, de la Manche et de l'Atlantique, afin d'empêcher le débarquement des Alliés. Il n'était pas constitué d'un ouvrage continu mais de plusieurs éléments : dans les ports, soumis aux raids aériens, furent mis en place de gros canons et, sur les plages, on construisit des blockhaus en béton, également dotés de canons pouvant tirer vers le large. Dans le nord de la France, les deux énormes blockhaus d'Éperlecques et de Wizernes devaient servir de base à l'assemblage et au stockage de missiles ainsi qu'à leur lancement.

UNE FRONTIÈRE DANS LA VILLE

En 1961, durant la guerre froide, un mur ayant pour but d'empêcher la fuite des citoyens de l'Est (bloc des pays communistes) vers l'Ouest fut élevé sur une grande partie de la frontière entre les deux Allemagne (RDA et RFA), dont 43 km dans Berlin qui devenait, de fait, une ville double. Construit en béton, haut de 4 m, il était pourvu de barbelés, de miradors, de postes de contrôle, d'abris enterrés et de fossés antichars creusés jusqu'à 5 m de profondeur. Sa destruction, en 1989, a consacré la réunification de l'Allemagne.

Sur cette photo prise en 1944, un soldat britannique se tient devant un canon longue portée du mur de l'Atlantique.

Au nord de l'Angleterre, le mur d'Hadrien fut édifié par les Romains dès 122 après J.-C. pour contenir les incursions des tribus écossaises. Ce mur de 117 km fait d'argile et de tourbe était surmonté d'un chemin de ronde ; 18 000 légionnaires travaillèrent à sa construction.

Pour bâtir le mur de l'Atlantique (France), les Allemands ont utilisé 11 millions de tonnes de béton et 1 million de tonnes d'acier ; 450 000 ouvriers ont été mobilisés. Le blockhaus d'Éperlecques (200 m de long, 90 m de large et 22 m de haut), protégé par une dalle de 7 m d'épaisseur, a nécessité 130 000 t de béton.

Le Krak des chevaliers

Situé en Syrie, à un carrefour stratégique sur la route des croisades vers les lieux saints de Jérusalem, en Palestine, le Krak des chevaliers est l'un des plus beaux exemples d'architecture militaire des XIIe-XIIIe siècles. Ce château fort réputé imprenable, perché à 750 m de hauteur sur un éperon rocheux, fut l'enjeu de nombreuses batailles entre les musulmans et les croisés chrétiens.

● Sur la route de la Terre sainte

Plusieurs forteresses se sont succédé sur ce site depuis l'Antiquité. Mais c'est à l'époque des croisades que le Krak (de *karak*, "fort" en arabe) a pris son aspect actuel. En 1157, Raymond du Puy, grand maître des Hospitaliers (moines-soldats chargés de la protection des pèlerins jusqu'en Terre sainte), décida de restaurer et d'agrandir le fort existant, endommagé à la suite d'un séisme. En 1170, un nouveau tremblement de terre obligea à effectuer de très importants réaménagements.

● Un emboîtement de remparts

Le Krak se présente comme un emboîtement de remparts aux tours puissantes, entourés d'un fossé et d'un talus maçonné. Au centre se dessine une enceinte intérieure de 270 m de longueur sur 9 m de largeur, flanquée de cinq grosses tours. Au niveau le plus haut, une cour centrale réunit les bâtiments d'habitation des chevaliers ; cette cour repose sur une vaste salle voûtée, utilisée pour entreposer des vivres et du fourrage. Le sommet des tours est occupé par des terrasses servant à drainer l'eau, stockée ensuite dans des réservoirs. Vers 1190 fut ajoutée sur l'enceinte intérieure une sixième tour dotée de mâchicoulis*, élément défensif inventé par les Arabes ; cette tour constitue l'un des premiers exemples européens d'ouvrage militaire de ce type.

Le Krak des chevaliers tel qu'on peut le voir aujourd'hui, avec ses tours rondes du XIIIe siècle et son talus maçonné.

Le Krak des chevaliers (Syrie) ne fut pas la seule place forte sur le chemin des croisades. Sous l'impulsion des Hospitaliers, d'autres ouvrages défensifs furent construits, en Syrie même et aussi au Liban ; ils communiquaient entre eux à l'aide de signaux de fumée et de pigeons voyageurs.

Entre le XIIe et le XIIIe siècle, le Krak des chevaliers fut plusieurs fois attaqué. Saladin, maître de l'Égypte, de la Syrie et stratège hors pair, tenta en vain de s'en emparer. C'est dire la puissance de ce château protégé par 2 000 chevaliers et disposant d'assez de nourriture pour tenir un siège de cinq ans.

⬤ Un talus infranchissable

Au début du XIIIe siècle, on ajouta, entre le rempart intérieur et le rempart extérieur, un talus très pentu recouvert de dalles de pierre, qui furent polies de manière à les rendre glissantes et donc à empêcher la progression des assaillants. Ce talus fut doté d'une galerie percée de meurtrières. Puis on remplaça les tours carrées par des tours rondes, qui offraient moins de prise aux tirs de projectiles.

Cette gravure de 1871 présente une reconstitution du Krak des chevaliers tel qu'il était au XIIe siècle.

Afin de résister au roi de France Philippe-Auguste, qui convoitait la Normandie, Richard Cœur de Lion édifia en 1196 la forteresse de Château-Gaillard, inspirée des forts qu'il avait vus en Syrie lors de la 3e croisade. Il la dota d'un élément nouveau, le mâchicoulis, et d'une enceinte dont la forme ondulée donnait moins de prise aux projectiles.

Le château de Bonaguil (France) est l'un des plus beaux exemples français d'architecture médiévale ; remanié en fonction des progrès de l'artillerie, il ne fut jamais attaqué. Avec ses ponts-levis et, surtout, ses passages en zigzag, il annonce les forts à la Vauban (voir p. 56).

Des demeures de prestige

À partir du XVIe siècle, à l'époque de la Renaissance, une paix relative s'installe en Europe. Les demeures des souverains perdent alors leur allure de forteresse et deviennent de vastes et somptueuses résidences.

Le château de Versailles (France) est né du désir de Louis XIV de posséder une demeure digne de son image de Roi-Soleil.

● Chambord, un rêve de pierre

Le château de Chambord fut édifié sur un affluent de la Loire pour le roi François Ier, de 1519 à 1547, d'après les plans de Léonard de Vinci. La texture tendre et la couleur blanche du tuffeau* ainsi que l'harmonie de ses formes et de ses proportions en font une merveille architecturale. Le chantier fut un défi, tant sur le plan financier que sur le plan technique ; après avoir asséché les marécages, on établit les fondations du château au moyen de gros pieux en bois à pointe de fer, plantés dans le sol jusqu'à 12 m de profondeur. Ce château de transition conserve un plan inspiré du Moyen Âge mais présente déjà des caractéristiques du style Renaissance*.

● Versailles, chef-d'œuvre absolu

Délaissant le Louvre, Louis XIV décida d'agrandir le pavillon de chasse que son père Louis XIII possédait à Versailles, au sud-ouest de Paris. Dès 1661, il mobilisa les meilleurs architectes, peintres, sculpteurs et paysagistes de l'époque. Une colline fut créée de toutes pièces pour supporter l'édifice, long de 680 m, qui fut doté, côté jardins, d'une façade inspirée de palais italiens. Le roi fit planter une forêt et aménager des jardins avec fontaines et bassins, ornés de statues en marbre ou en bronze. Il fit creuser des canaux dont l'eau était pompée dans la Seine grâce à une machine hydraulique perfectionnée. La galerie des Glaces (73 m de long), symbole de la puissance du Roi-Soleil, fut décorée avec faste.

François Ier fit bâtir le château de Chambord, pour impressionner son grand rival Charles Quint.

Le chantier du château de Chambord fut l'un des plus vastes de la Renaissance française : l'édifice mesure 128 m de large ; il compte 440 pièces, plus de 80 escaliers, 365 cheminées et 800 chapiteaux* sculptés ; près de 2 000 ouvriers y travaillèrent.

C'est à Chambord que Molière donna sa première représentation du Bourgeois gentilhomme, le 14 octobre 1670. Durant la guerre franco-allemande de 1870, le château fut utilisé comme hôpital de campagne. Il a aussi servi de cadre au film Peau d'Âne (1970), du réalisateur français Jacques Demy.

Le château de Neuschwanstein (Allemagne), hérissé de tours, se dresse dans un décor féérique de montagnes, de lacs et de forêts.

● Neuschwanstein, la folie d'un roi

Situé dans les Alpes bavaroises (Allemagne), ce château de style néogothique* fut édifié à partir de 1869 par Louis II de Bavière. Pour le réaliser, le roi fit dynamiter la roche ; il fallut ensuite acheminer 465 t de marbre et 400 000 briques. Le chantier mobilisa 200 ouvriers durant 16 ans et ne fut jamais terminé, Louis II ayant perdu la raison puis la vie : sur les 228 pièces prévues, 15 seulement sont accessibles, et l'on a dû condamner certaines portes qui donnaient sur le vide.

Le palais de Tsarskoïe Selo, résidence d'été des tsars, fut construit au XVIIIe siècle par l'impératrice Catherine Ire.

UN GRAFFITI POUR SIGNATURE

À Chambord, les ouvriers et notamment les tailleurs de pierre n'avaient pas de salaire fixe : ils étaient payés à la tâche, d'où le terme "tâcheron". Sur chaque pierre taillée, ils gravaient une marque discrète, qui constituait leur signature et permettait au contremaître d'évaluer leur travail et de les rémunérer.

● Tsarskoïe Selo, le palais d'or

Conçu dans un style baroque* selon les plans de l'architecte italien Bartolomeo Rastrelli, il est situé au sud de Saint-Pétersbourg (Russie). Sa façade blanche et bleue, longue de 370 m, est ponctuée de hautes colonnes et ornée de statues dorées. L'église attenante est surmontée de cinq dômes bleus et or en forme de bulbe. À l'intérieur, les plafonds sont peints et les murs recouverts à l'or fin.

Près de 30 000 ouvriers furent affectés à la construction du château de Versailles. En cas d'accident du travail, des dédommagements étaient prévus : de 30 à 40 livres pour une jambe ou un bras cassé et 60 livres pour un œil crevé. On versait entre 40 et 100 livres à la veuve d'un homme décédé sur le chantier.

Situé près de Vienne (Autriche), le château de Schönbrunn (1696) est inspiré de Versailles ; son parc fut dessiné par un élève de Le Nôtre, créateur des jardins du château français. D'abord baroque, Schönbrunn fut ensuite remanié dans le style rococo*. Ses appartements témoignent du faste de la vie de cour au XVIIIe siècle.

Des villes extraordinaires

Dans les temps anciens, au Proche-Orient et dans l'Amérique précolombienne notamment, des civilisations très évoluées se sont épanouies au sein d'immenses empires. Pour édifier leurs villes, elles ont fait appel aux techniques de pointe de leur époque, donnant ainsi naissance à de nouveaux styles architecturaux.

Machu Picchu, une cité vertigineuse

Édifiée au XVe siècle dans un site impressionnant, cette ancienne cité inca (Pérou actuel) s'étage en terrasses au-dessus de profonds ravins. Pourvue de murailles et de rampes gigantesques, la ville de Machu Picchu devenait, lors de la saison des pluies, une forteresse inaccessible. Comme toutes les cités incas, elle se divisait en trois parties : le quartier sacré, le quartier des nobles et le quartier du peuple. On a retrouvé les vestiges de 200 habitations, construites avec des blocs de granit posés les uns sur les autres. Les temples étaient dépourvus de toit afin que les prêtres puissent observer le Soleil, la Lune et les étoiles. Les Espagnols, qui envahirent la région en 1532, ne découvrirent jamais la ville, mise au jour en 1911.

La ville de Machu Picchu, perchée à plus de 2 000 m d'altitude dans la cordillère des Andes, fut construite à l'apogée de l'Empire inca.

LA PLUS ANCIENNE VILLE DU MONDE

Au nord de la mer Morte (Palestine), la ville de Jéricho, habitée dès le VIIIe millénaire avant notre ère, est sans doute la plus ancienne au monde. Des fouilles ont révélé l'histoire tumultueuse de cette cité mythique, plusieurs fois détruite et reconstruite à la suite de séismes. On a retrouvé les vestiges d'une enceinte fortifiée, probablement ajoutée 6 800 ans avant J.-C., lorsque le village initial eut pris une certaine importance. Jéricho est mentionnée dans la Bible pour avoir été, au XIIIe siècle avant J.-C., conquise et totalement rasée par les Hébreux, qui auraient fait s'écrouler les murailles en soufflant dans des trompettes.

À Persépolis (Iran actuel), les architectes ont introduit un élément nouveau – la colonne haute et fine –, qu'ils ont emprunté aux Grecs (on a retrouvé, dans les carrières des environs, des graffitis en grec). Ils en ont doté certains édifices, notamment les palais, afin d'élever leurs plafonds, créant ainsi de vastes espaces intérieurs.

Sur les pentes vertigineuses de la cordillère des Andes, les Incas ont bâti des cités colossales à l'aide d'outils en pierre ou en cuivre. C'est le cas de Cuzco (Pérou actuel), capitale de l'Empire, dont la muraille est composée d'un assemblage d'énormes blocs de pierre, taillés avec une telle précision que l'emploi de mortier était inutile.

Située au Guatemala, en pleine forêt tropicale, Tikal fut sans doute la capitale politique des Mayas de la période dite classique (250 à 950 après J.-C.).

🟢 Tikal, un foyer culturel prodigieux

Outre des palais, le site de Tikal (Guatemala actuel) comprend des pyramides hautes de 40 à 72 m, construites par les Mayas dès le VIIIe siècle après J.-C. Comptant plusieurs étages en pierres taillées, elles sont surmontées d'un temple et dotées d'un escalier extérieur aux blocs parfaitement ajustés. Les Mayas ne connaissaient ni la roue ni les appareils de levage. Ils savaient, en faisant chauffer du calcaire, fabriquer de la chaux : ils s'en servaient pour réaliser les décors, tel le badigeon rouge dont les pyramides étaient recouvertes.

🔵 Persépolis, une capitale monumentale

Bâtie au VIe siècle avant J.-C. par Darius Ier, Persépolis (Iran actuel) devint le centre politique de l'Empire perse. Le roi fit venir des régions conquises les meilleurs artisans et matériaux (cèdre, argent, cuivre, ivoire, pierres précieuses). Sa résidence, inspirée de palais mésopotamiens, fut dotée d'un escalier monumental orné de hauts-reliefs* et d'une terrasse qui nécessita d'araser le sommet d'une colline. Son successeur Xerxès fit édifier son propre palais, où la salle d'audience aux 100 colonnes pouvait accueillir 10 000 personnes.

Persépolis est le plus important site archéologique d'Iran, à la fois par son étendue et par ses vestiges colossaux.

Les Mayas, remarquables architectes, ont été le seul peuple de l'Amérique précolombienne à savoir construire des voûtes en empilant des pierres et en les disposant de telle manière que celles placées au sommet finissaient par se rejoindre.

Les Aztèques furent eux aussi de grands bâtisseurs. Pour fonder leur capitale, Tenochtitlán (aujourd'hui Mexico), située au milieu d'une lagune, ils asséchèrent les marécages, creusèrent des canaux et construisirent des ponts pour relier les îles ; des aqueducs alimentaient la ville en eau douce.

La ville de Leptis Magna

D'abord simple comptoir commercial, Leptis Magna (Libye) fut intégrée à l'Empire romain sous Jules César. La ville connut son apogée aux IIe et IIIe siècles de notre ère grâce à l'empereur Septime Sévère, qui en était originaire, au point de devenir l'égale de Rome en Afrique. Les ruines racontent ce qu'a été cette ville extraordinaire par son étendue, le luxe de ses édifices et ses larges voies pavées.

① Théâtre
Agrandi et embelli au IIe siècle après J.-C., il fut pourvu d'un mur de scène. Face à cette dernière se trouvait l'orchestre, réservé aux notables ; les gens du commun, eux, s'asseyaient sur les gradins. On y assistait à des tragédies, à des comédies et à des spectacles de pantomime.

② Chalcidicum
Sur ce marché spécialisé en produits d'artisanat, on trouvait bijoux, soieries, tapis, objets en verre...

③ Marché
Construit en l'an 8 avant J.-C., sous le règne de l'empereur Auguste, ce marché proposait toutes sortes de poissons – car Leptis Magna était un port – ainsi que des fruits et légumes provenant d'un arrière-pays fertile.

Le théâtre vu des gradins, avec les colonnes du mur de scène derrière lequel, à l'époque, se trouvaient les coulisses.

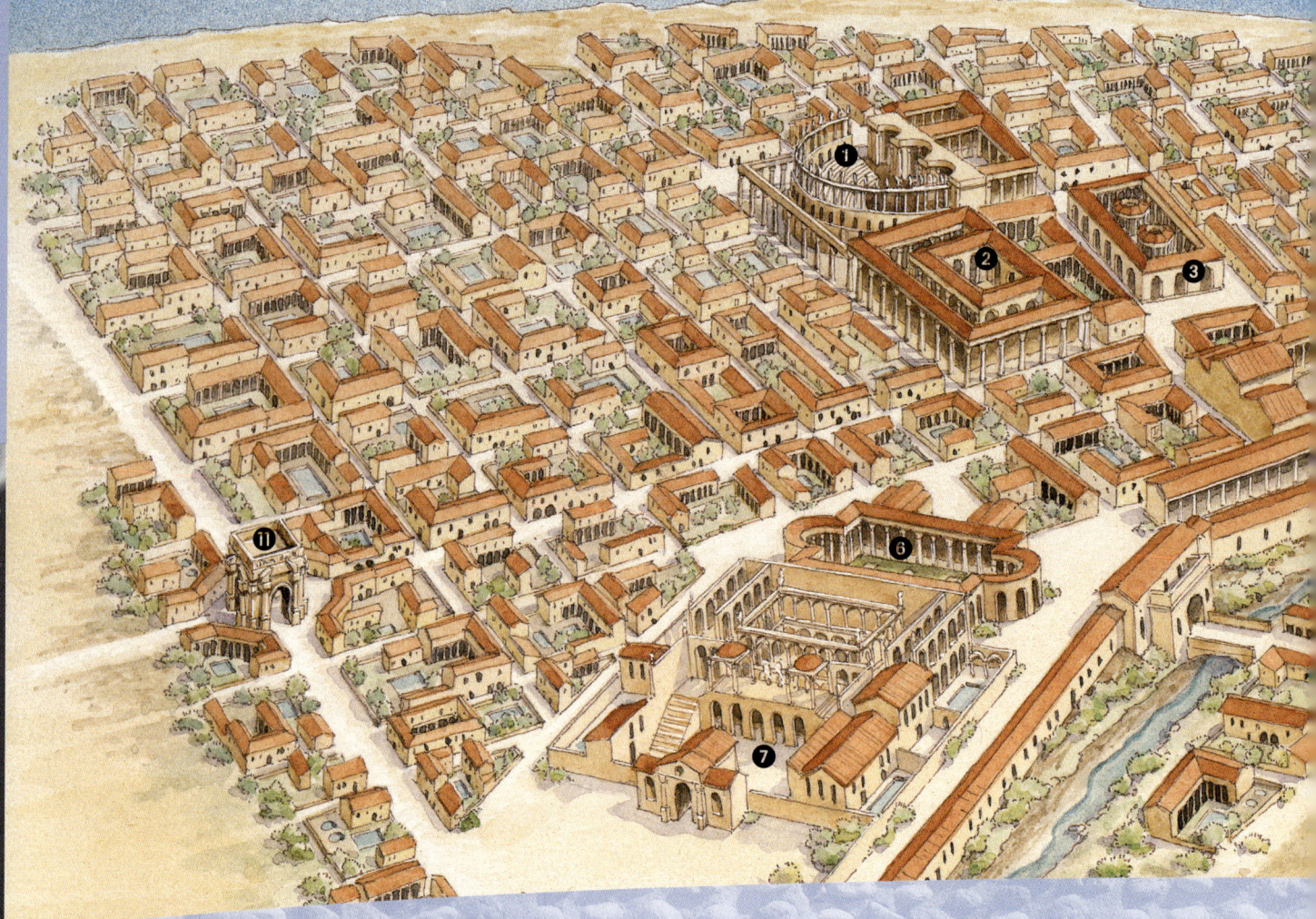

Leptis Magna s'est enrichie en faisant avec Rome le commerce de l'or, de l'ivoire, des peaux et des esclaves. Ses négociants faisaient venir ces produits d'Afrique noire.

Les Romains avaient le sens du confort et de l'hygiène. À Leptis Magna, comme dans d'autres cités romaines, il existait non seulement des latrines, publiques, mais aussi des bains, qui étaient chauffés par le passage de l'air chaud circulant sous le plancher.

Les portiques* du nouveau forum étaient ornés de têtes de monstres et de divinités.

④ Temple de Liber Pater
Situé dans l'ancien forum (construit sous le règne d'Auguste), ce temple fut financé, vers l'an 10 après J.-C., par de riches exportateurs d'huile d'olive, denrée qui faisait la prospérité de la ville. Dédié au dieu du vin Bacchus, c'était un édifice imposant.

⑤ Temple de Rome et d'Auguste
Faisant lui aussi partie de l'ancien forum, il fut construit vers l'an 15 après J.-C. Tout comme le temple de Liber Pater, il était placé sur un podium, et devant lui s'étendait un vaste espace – la tribune – où les orateurs tenaient leurs discours.

⑥ Palestre
Dans cette salle omnisports, on se livrait à des activités sportives (course, saut…) et on assistait à des combats, notamment de boxe et de lutte.

⑦ Thermes d'Hadrien
Datant de 126 après J.-C., ces magnifiques bains publics furent copiés sur ceux de Rome et enrichis de colonnes de marbre dans les salles principales. Dans ce lieu de détente et de rencontres, les gens aisés venaient accompagnés de leurs esclaves.

⑧ Nouveau forum
Édifié sous le règne de Septime Sévère, c'était avec la basilique le plus vaste édifice public de la ville. Entouré de magasins, il abritait un temple. On s'y rassemblait pour discuter publiquement des grandes décisions politiques, religieuses ou économiques liées à la cité.

⑨ Basilique de Septime Sévère
Richement décorée, cette merveille architecturale où l'on se rendait pour louer les dieux romains mesurait 92 m sur 40 m. Son plafond s'élevait à plus de 30 m de haut et était soutenu par des colonnes en marbre blanc. Celles-ci étaient ornées de sculptures évoquant les douzes travaux d'Hercule et de portraits du dieu du vin Bacchus.

⑩ Curie
Cet édifice était l'équivalent de nos mairies. Comme dans toutes les villes romaines, on y conservait les archives de la cité et l'on y prenait les grandes décisions administratives la concernant.

⑪ Arc de Septime Sévère
Les arcs de triomphe romains (*voir p. 18-19*) étaient érigés pour célébrer une victoire importante. Celui de Leptis Magna fut financé par de riches négociants de la ville pour honorer Septime Sévère. Il se situe au croisement des deux axes nord-sud et est-ouest qui traversent toutes les grandes cités romaines.

Les vestiges du marché, où se trouvent toujours des tables portant les mesures de longueur et de volume.

Après la chute de l'Empire romain, en 476, la ville de Leptis Magna, déjà affaiblie, dut faire face aux attaques des Vandales et des tribus berbères. Les Byzantins la reconstruisirent en partie, mais leur souveraineté cessa au VIIe siècle avec la conquête arabe.

Après sa redécouverte en 1662, Leptis Magna fut pillée. Un grand nombre de ses colonnes et de ses statues furent réutilisées, d'abord dans les édifices des environs puis en Europe, notamment dans les châteaux de Versailles et de Windsor.

Les tours et les gratte-ciel

En Mésopotamie, il y a plus de 4 000 ans, s'élevaient des tours colossales, les ziggourats. Elles symbolisaient le lien entre la terre et le ciel. Depuis, des campaniles italiens aux buildings d'Amérique et d'Asie, l'homme a mis à profit l'évolution des matériaux et des techniques pour construire toujours plus en hauteur.

🔴 Égaler les dieux

Les ziggourats avaient une base carrée ou rectangulaire et comptaient de trois à sept niveaux. Surmontées d'un temple, ces tours en brique étaient dédiées à la divinité protectrice d'une ville et servaient aussi d'observatoires astronomiques. On en a recensé une trentaine, l'une des plus élevées étant celle de Tchoga Zanbil (Iran), qui atteignait les 60 m. La ziggourat d'Ur (Irak), construite vers 2100 avant J.-C., se dressait sur quatre niveaux, le plus haut étant pourvu d'un temple dédié au dieu Lune. À Babylone (Irak) se trouvait une grande ziggourat mesurant 90 m de haut sur 90 m de côté. Elle est à l'origine du mythe de la tour de Babel, décrite dans la Bible comme le symbole de l'orgueil des hommes qui cherchent à défier Dieu en construisant toujours plus haut.

La ziggourat d'Ur, ville du sud de la Mésopotamie.

🟢 Tours de pierre...

La ville de Pise (Italie) est célèbre pour sa tour penchée. La construction de cette dernière débuta en 1173, mais un affaissement du terrain compliqua les travaux. Il fallut deux siècles pour l'achever, sans qu'il soit possible de l'empêcher de pencher. En 1993, son sommet s'écartait de 5,40 m de la verticale. Des travaux ont alors permis de la redresser, mais seulement de 43 cm, ce qui lui a redonné l'inclinaison qu'elle avait il y a trois siècles. Faute de quoi elle aurait pu s'écrouler vers l'an 2080.

La tour penchée, avec ses élégantes colonnettes, se dresse à côté de la cathédrale sur la célèbre place des Miracles, à Pise.

Le terme ziggourat provient du verbe akkadien zaqâru, qui signifie "s'élever" ou "construire en hauteur". L'akkadien était la langue parlée en Mésopotamie.

La tour Eiffel compte 2,5 millions de rivets (pièces d'assemblage des poutrelles métalliques) et 1 665 marches jusqu'à son sommet ; 40 t de peinture sont chaque année nécessaires à son entretien ; quand il fait très chaud, elle se hausse de 7 cm par dilatation.

La tour Eiffel, le 9 septembre 1887.

Le 10 juillet 1888, le deuxième étage est achevé.

La construction progresse… Ici, en octobre 1888.

En 1900, la tour Eiffel se dresse fièrement sur le Champ-de-Mars.

... et de fer

La tour Eiffel, dont l'édification commença en 1886, fut le clou de l'Exposition universelle de 1889 qui avait lieu à Paris. L'ingénieur Gustave Eiffel (*voir p. 8*) la conçut et en dirigea le chantier. Pour bâtir cette tour, aujourd'hui haute de 324 m avec son antenne, il fallut sélectionner 132 ouvriers selon un critère essentiel : l'insensibilité au vertige. Elle resta longtemps l'édifice le plus haut du monde, avant d'être dépassée en 1931 par l'Empire State Building (381 m), à New York.

Gratte-ciel : la course à la hauteur

En 1871, un incendie détruisit presque totalement la ville de Chicago. Cet événement, ajouté au besoin de construire en hauteur pour gagner de la place, déclencha la mise en œuvre de nouvelles techniques qui modifièrent la physionomie des villes américaines puis du monde entier. Pour rebâtir Chicago, on mit au point des ossatures en acier résistant au feu et aux vents, très forts en altitude. L'ascenseur à passagers, inventé en 1857 par Elisha Otis à New York, vint compléter ces prouesses d'ingénierie. À New York, l'Empire State Building a été le plus haut immeuble du monde avant d'être détrôné par les Twin Towers, tours jumelles détruites lors d'un attentat le 11 septembre 2001. C'est désormais l'Asie qui détient les records mondiaux de hauteur, avec des gratte-ciel tels que le Taipei 101 à Taïwan (101 étages et 508 m), ou les tours Petronas de Kuala Lumpur, capitale de la Malaisie, hautes de 452 m et reliées par une passerelle à 170 m au-dessus du sol.

Depuis la destruction des Twin Towers, le 11 septembre 2001, l'Empire State Building est de nouveau l'immeuble le plus haut de New York.

À l'intérieur du gratte-ciel Taipei 101 est suspendue une boule d'acier de 800 t qui, en oscillant, peut amortir 35 % des mouvements causés par un typhon ou un séisme.

Afin de préserver la luminosité des rues de New York (États-Unis), une loi de 1916 fit obligation de construire les parties hautes des immeubles en retraits successifs, ce qui confère aux gratte-ciel des années 1920-1930 une allure de pyramides à degrés.

Les 34 ascenseurs du gratte-ciel Taipei 101 de Taïwan seraient les plus rapides du monde, certains d'entre eux atteignant le 90e étage en 39 s.

Entre terre et mer

Des presqu'îles poussant sur la mer aux gratte-ciel défiant la pesanteur en passant par les stations de ski en plein désert, les réalisations les plus audacieuses et les projets les plus fous ne manquent pas en ce début de XXIe siècle. Ils annoncent des changements radicaux dans l'urbanisme* et les modes de vie.

Les presqu'îles artificielles de Dubaï

Sur la côte des Émirats arabes unis, dans le golfe Persique, on a entrepris la réalisation d'un complexe touristique sur trois presqu'îles artificielles, qui a nécessité l'apport de 100 millions de tonnes de terre dans la mer. Sur l'île de Jumeirah, quelque 3 000 ouvriers travaillent depuis quatre ans à l'édification de 2 500 villas, 2 400 appartements et 50 hôtels ; non loin de là se dresse la Burj al-Arab (tour des Arabes), un hôtel de luxe en forme de voile accrochée à un pylône. L'île de Jebel Ali abritera un millier de petits ports privés, dont les pontons dessineront, en caractères arabes, un poème écrit par le gouverneur de Dubaï. La troisième île, Deira, sera plus grande que Manhattan.

L'île de Jumeirah sera achevée à fin 2008, mais elle se trouve déjà partiellement occupée. Vue du ciel, elle a la forme d'un palmier de 5 km de diamètre.

Avec ses 321 m de haut, la Burj al-Arab est le plus grand hôtel du monde.

En 1895, Jules Verne, dans L'Île à hélice, déclarait : « Qui sait si la Terre ne sera pas trop petite un jour pour ses habitants, dont le nombre doit atteindre 6 milliards en 2072 ? Ne faudra-t-il pas bâtir sur la mer lorsque les continents seront encombrés ? » Cette prophétie s'est déjà vérifiée en plusieurs endroits.

Véritable ville verticale de 250 m de diamètre, la tour bionique de Shanghai (Chine) pourra accueillir en permanence 100 000 habitants sur 2 millions de m² de surface et 300 étages. Ses 368 ascenseurs permettront d'atteindre son sommet à la vitesse de 15 m par seconde.

Depuis fin 2005, le plus grand complexe couvert de sports de neige du monde se trouve à Dubaï.

🟢 Skier dans le désert

À Dubaï, une station de ski artificielle, ou "ski dôme", a été construite en plein désert ; elle est protégée par une structure de verre et d'acier de plus de 220 m de diamètre et de 75 m de hauteur. Bénéficiant d'un enneigement et d'un éclairage constants, elle est dotée de pistes pour le bobsleigh et pour le ski avec pentes orientables. Le projet prévoit même la création d'un hôtel de luxe en forme d'iceberg !

🔵 La plus haute tour de tous les temps

À Tokyo, capitale du Japon, on parle d'un projet hors norme et sans précédent. Il s'agit de la tour X-Seed 4 000, qui compterait 800 étages et culminerait à 4 000 m de hauteur, soit presque à la même altitude que le mont Blanc, le plus haut sommet des Alpes. Cette tour, qui aurait la forme d'un volcan, pourrait accueillir un million de personnes !

🟠 La tour bionique de Shanghai

Sur une île artificielle au large de Shanghai (Chine), une tour dite bionique (contraction de "biologique" et d'"électronique") de 1 228 m de haut devrait sortir de terre en 2020. En verre, béton, acier et aluminium, elle s'inspirera du monde végétal : l'élément central symbolisera un arbre et abritera appartements, bureaux, commerces, cinémas, hôpitaux et hôtels, tandis que dans le fond marin seront ancrées des racines flexibles lui permettant d'amortir les chocs dus à des séismes ou à des vents violents. D'autres bâtiments, des lacs et des jardins prendront place autour de l'édifice. Les zones d'habitation, aménagées par tronçon de 80 m de haut, pourront être occupées au fur et à mesure de la construction.

La tour bionique de Shanghai s'inspire de la forme des plantes et des arbres et fait appel à la plus haute technologie.*

Le chantier de la tour X-Seed 4 000 devrait durer 30 ans. Mais le financement d'un tel projet reste à trouver…

Afin d'assurer un enneigement optimal dans le "ski dôme" de Dubaï (Émirats arabes unis), 30 t de neige sont fabriquées chaque jour, qui couvrent une surface de près de 30 000 m². Malgré des parois isolantes épaisses de 1 m, il a fallu un mois pour faire descendre la température de + 40 °C à − 2 °C.

À Dubaï (Émirats arabes unis) est prévue la création d'un archipel extraordinaire baptisé "The World" (Le Monde). Plus de 300 îles artificielles construites sur la mer reproduiront le globe terrestre, ses continents et même ses pays. Il a été conçu pour être visible à l'œil nu de l'espace.

La conquête des océans

Les océans, qui couvrent 70 % de notre planète, constituent un enjeu majeur pour le devenir de l'homme, en raison de leurs ressources et du rôle qu'ils jouent sur le climat ; ils sont pourtant mal connus. Des architectes ont conçu des vaisseaux étonnants, des habitations flottantes ou fixées sous l'eau pouvant accueillir des chercheurs ou des touristes en quête de sensations extrêmes.

🔴 Des villages sous-marins

Dans les années 1970, l'architecte français Jacques Rougerie imagina un habitat sous-marin permettant aux plongeurs d'étudier le milieu aquatique tout en limitant le nombre des remontées à la surface, potentiellement dangereuses. Ces villages sous la mer, qui n'ont finalement jamais vu le jour, auraient été constitués d'un bâtiment central entouré de tentes en ciment et en métal amarrées au sol par des câbles.

Maquette du village sous-marin de Jacques Rougerie : il devait être immergé dans les Caraïbes, au large des îles Vierges, à 35 m de profondeur environ.

Maquette du Sea Orbiter, qui entamera en 2010 un périple de plusieurs mois dans le Gulf Stream, principal courant marin de l'Atlantique.

🟢 Un iceberg artificiel

Jacques Rougerie est aussi le créateur du *Sea Orbiter*, un vaisseau d'exploration des océans de 51 m de haut. Conçu pour dériver au gré des courants marins, il devrait être opérationnel en 2010. Trois parties le composent. La partie émergée, haute d'environ 20 m, abrite les équipements de navigation et de communication ; elle est pourvue d'un pont ouvert qui offre une vision du milieu aquatique en surface. La zone immergée possède des hublots panoramiques. Elle héberge les lieux de vie des chercheurs et les laboratoires, ainsi qu'une plate-forme d'où les aquanautes peuvent plonger en disposant de robots téléguidés capables de descendre jusqu'à 600 m de profondeur. La coque du vaisseau, en aluminium et en magnésium, est cinq fois plus épaisse que celle d'un bateau classique, ce qui la rend très résistante à la corrosion marine ; sa forme a été étudiée de manière à ce que le *Sea Orbiter* conserve sa position verticale même en cas de tempête.

Dès le XIXᵉ siècle, Jules Verne envisage la possibilité d'habiter sous la mer. Dans son livre Vingt mille lieues sous les mers *(1869-1870), le capitaine Nemo vit en retrait de la société à bord du sous-marin Nautilus, exploitant seulement les ressources de l'océan.*

On doit au commandant Cousteau la création, dès 1962, des premiers habitats sous-marins. Immergés à une profondeur de 15 à 60 m, des plongeurs devaient respirer un mélange d'oxygène et d'hydrogène et se nourrir d'aliments déshydratés et réchauffés. Ils ont été les précurseurs de l'étude du milieu marin.

🔵 Un hôtel avec vue sous la mer

Au large de Shanghai, en Chine, un ensemble de béton et d'acier baptisé Hydropolis est en construction. Il comportera une partie aménagée sur la terre ferme, l'"hydrotower", et une partie immergée, l'"hydropalace" – un hôtel dont les chambres seront situées à 20 m sous l'eau. Véritables bulles transparentes en Plexiglas, les chambres offriront une vue panoramique sur les fonds marins. Un petit train circulant dans un tunnel en verre permettra de les relier à la surface, où s'étendra un atoll artificiel doté de plages de sable.

Maquette du complexe hôtelier Hydropolis de Shanghai, qui devrait ouvrir ses portes pour les Jeux olympiques de 2008.

🟠 Une île flottante et mouvante

Inspiré du livre de Jules Verne *L'Île à hélice* (1895), le projet d'île artificielle mouvante, nommée Île AZ, de l'architecte français Jean-Philippe Zoppini, prévoit la construction d'une véritable ville flottante capable d'héberger 10 000 personnes. Elle reposerait sur une plate-forme en acier de 350 m de diamètre qui se déplacerait à une vitesse de croisière de 20 km/h. La partie arrière serait dotée d'un miniport permettant l'accès des passagers et l'accostage des bateaux. Un monorail assurerait les liaisons intérieures. L'espace central serait pourvu d'un lagon, d'une salle de spectacles, de restaurants, de commerces et d'installations sportives. Sur les côtés s'élèveraient des immeubles abritant les cabines des passagers et de l'équipage. Conçue pour résister à des vagues de 20 m de haut, elle pourrait en outre prendre rapidement le large en cas de séisme ou de cyclone.

Maquette de l'Île AZ ; ce projet de complexe hôtelier pour clients fortunés devrait être présenté à l'Exposition universelle de Shanghai en 2010.

Tout objet dérivant attire des micro-organismes s'agrégeant autour de lui. Ce principe bien connu des pêcheurs sera mis en pratique par le Sea Orbiter de Jacques Rougerie : sur ses flancs pourra se développer un écosystème formé de plantes et d'animaux sous-marins, que les biologistes étudieront sur place.

Les milieux marin et spatial étant similaires (sensation d'apesanteur, espace fermé), le Sea Orbiter de Jacques Rougerie constituera une base où les spationautes pourront s'entraîner et se confronter à des conditions de vie extrêmes, et préparer ainsi des vols habités longue distance.

Construire dans l'espace

La vie dans l'espace, en totale apesanteur, est encore réservée aux spationautes qui, au sein de l'ISS, observent la Terre et réalisent des expériences. Prochain défi : y accueillir des touristes, dans des vaisseaux spécialement aménagés pour eux.

● Un gigantesque Meccano

La construction de la station spatiale internationale (ISS), mise en orbite à environ 400 km autour de la Terre, a débuté en 1998. Depuis l'an 2000, des spationautes s'y relaient pour des séjours de trois à six mois afin de poursuivre son assemblage et d'effectuer des sorties dans l'espace.

Gérée par 16 pays, dont la France, la station se présente comme un gigantesque Meccano qui ne cesse de s'agrandir et devrait être terminé en 2010. À cette date, l'ISS pourra accueillir six personnes en permanence et son poids atteindra 455 t. Elle se composera d'environ 100 éléments en aluminium, acier et titane, livrés pièce par pièce par différentes navettes spatiales. Elle disposera de deux modules d'habitation, de deux modules techniques et de six laboratoires de recherche, installés sur des poutrelles de 93 m de long. Actuellement, l'ISS est ravitaillée tous les six mois par un véhicule à guidage automatique, qui se désagrège ensuite dans l'atmosphère.

UNE VIE HORS DE LA TERRE ?

Des projets d'installation de bases humaines sur la Lune et sur Mars sont à l'étude. Des missions sur la Lune pourraient être effectuées dès 2020 afin de préparer l'arrivée de colons, dans un futur plus ou moins lointain. Les premiers habitats devraient être des structures gonflables en matériaux capables de résister aux micrométéorites (qui ne sont pas arrêtées par l'atmosphère, comme c'est le cas sur la Terre). Sur Mars, les conditions d'une implantation humaine sont beaucoup plus contraignantes : le voyage dure de 14 à 16 mois aller-retour et impose un séjour d'au moins six mois sur place. La vie sur Mars n'est pas pour demain !

La nuit, la station spatiale internationale est visible à l'œil nu de la Terre, sous la forme d'une étoile très brillante qui se déplace d'ouest en est.

La station spatiale russe Mir, ancêtre de l'ISS, a été mise en orbite en 1986. À près de 400 km d'altitude, elle a fait 80 000 fois le tour de la Terre à la vitesse moyenne de 27 600 km/h ; 106 spationautes ont vécu à son bord, dont Valeri Poliakov, qui y a effectué le plus long vol spatial (15 mois).

À son achèvement en 2010, l'ISS sera la plus grande station spatiale jamais construite. Plus de 40 vols de navettes auront été nécessaires pour apporter dans l'espace les éléments la composant. Elle sera aussi vaste qu'un terrain de football et consommera à elle seule autant d'électricité que 60 appartements terrestres.

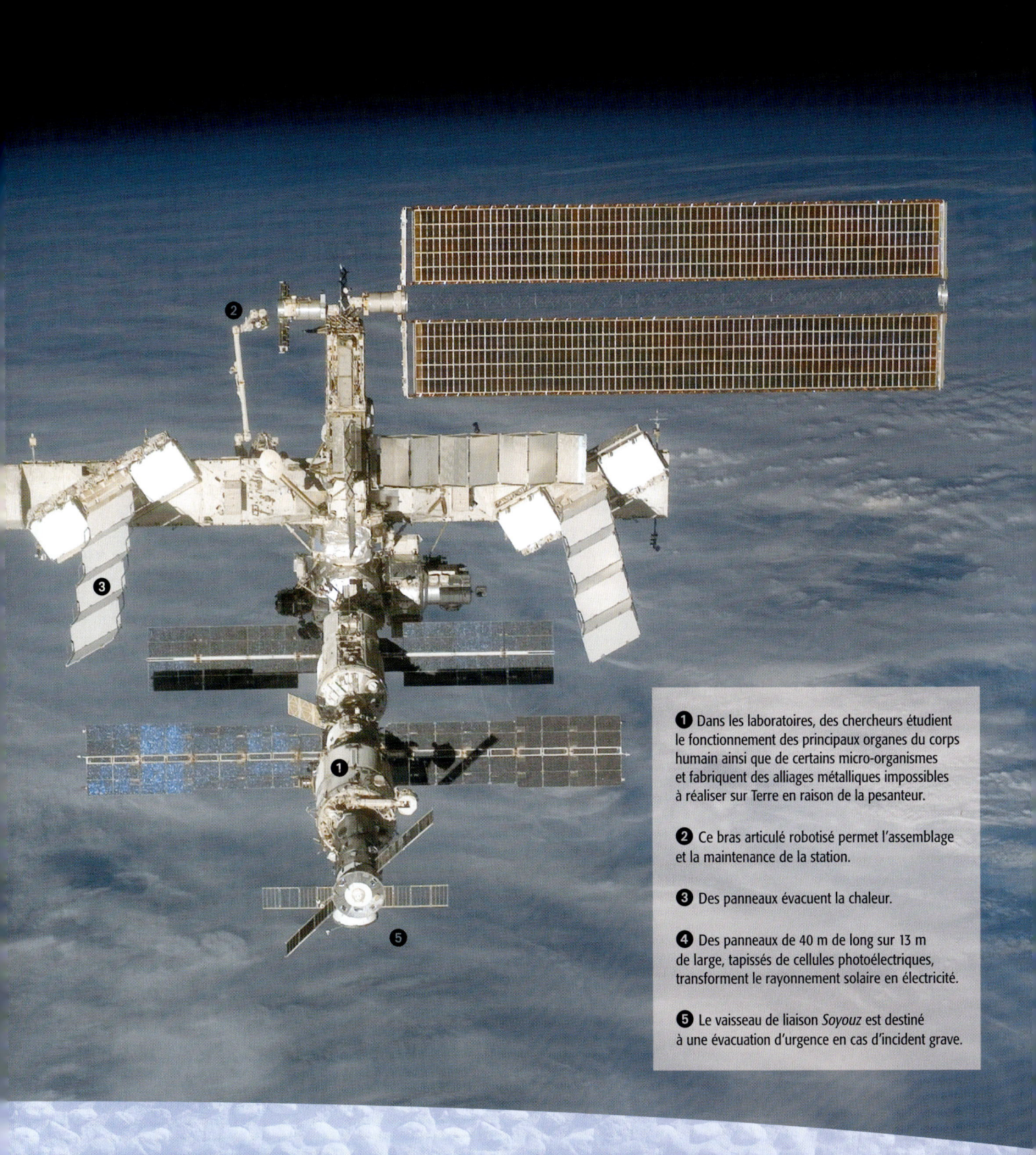

❶ Dans les laboratoires, des chercheurs étudient le fonctionnement des principaux organes du corps humain ainsi que de certains micro-organismes et fabriquent des alliages métalliques impossibles à réaliser sur Terre en raison de la pesanteur.

❷ Ce bras articulé robotisé permet l'assemblage et la maintenance de la station.

❸ Des panneaux évacuent la chaleur.

❹ Des panneaux de 40 m de long sur 13 m de large, tapissés de cellules photoélectriques, transforment le rayonnement solaire en électricité.

❺ Le vaisseau de liaison *Soyouz* est destiné à une évacuation d'urgence en cas d'incident grave.

Edwin Aldrin, premier homme, avec Neil Armstrong, à avoir marché sur la Lune en 1969, a évoqué la possibilité de croisières vers la Lune pour des touristes fortunés. On leur proposerait un aller-retour Terre-Lune d'une semaine, avec survol de cet astre. Aux États-Unis, la faisabilité d'un engin capable d'effectuer un tel voyage est à l'étude.

La création d'hôtels en orbite pourrait aboutir vers 2030. N'étant pas soumis à la pesanteur, ils pourront prendre diverses formes. Aux États-Unis et au Japon, des constructeurs y travaillent déjà. Ainsi, l'hôtel japonais Shimizu, prévu pour quelque 60 personnes, serait une roue de 140 m de diamètre tournant sur elle-même.

Lexique

Aérodynamisme
Forme donnée à un immeuble, un pont, un véhicule, afin de leur permettre de bien pénétrer l'air et d'accroître leur stabilité face au vent.

Albâtre
Variété de gypse de couleur laiteuse.

Arc-boutant
Arc de pierre construit en hauteur à l'extérieur d'un édifice – une église notamment – et s'appuyant sur un contrefort (*voir ce mot*) pour soutenir un mur soumis à la poussée d'une voûte.

Auvent
Toit avançant en saillie au-dessus d'une ouverture (porte, portail, bouche de métro...).

Baroque (architecture)
Style apparu à la fin du XVIe siècle en Italie, puis dans d'autres pays catholiques, caractérisé par une certaine distorsion des formes et une profusion ornementale.

Bas-relief
Sculpture réalisée en faible saillie sur la paroi d'un édifice.

Béton armé
Matériau très résistant constitué d'un mélange très fin de graviers, de sable, de ciment et d'eau coulé sur une armature en acier.

Byzantine (architecture)
Style apparu au Ve siècle dans l'Empire romain d'Orient, caractérisé par un plan en croix grecque (*voir ce mot*), des coupoles et des décors de fresques et de mosaïques, souvent réalisées sur fond d'or.

Cage à écureuil
Engin de levage constitué d'une roue tournant autour d'un axe et munie d'un mât pourvu d'une poulie (*voir ce mot*) ; la roue est actionnée par un ou deux hommes qui, en marchant à l'intérieur, entraînent l'enroulement d'une corde autour de l'axe.

Carbone 14
Composé radioactif présent dans les organismes vivants et qui, à partir de la mort de ces organismes, décroît de moitié tous les 5 000 ans. En prélevant des restes de végétaux, par exemple, on peut mesurer le taux de carbone 14 et estimer la date de leur apparition.

Chapiteau
Élément d'architecture formant le sommet d'une colonne ou d'un pilier (*voir aussi Ordres*).

Chèvre
Engin de levage constitué d'un assemblage de poutres en forme de A pourvu d'une corde que l'on enroule avec une manivelle.

Coffrage
Forme destinée au moulage du béton ou du ciment.

Contrefort
Pilier massif servant à renforcer le mur extérieur d'un édifice auquel il est soit plaqué, soit relié par un arc-boutant (*voir ce mot*).

Croix grecque
Plan en croix d'un édifice – une église notamment – comportant quatre branches de longueur égale.

Échafaudage
Ouvrage provisoire élevé pour bâtir ou restaurer un bâtiment.

Fil à plomb
Outil formé d'un morceau de plomb suspendu à un fil, qui permet de vérifier la verticalité d'un mur. Il a été utilisé par les Égyptiens pour la construction des pyramides et par les bâtisseurs de cathédrales.

Flèche
Élément d'architecture en forme de cône ou de pyramide couronnant notamment le clocher d'une église.

Génie civil
Concerne toute construction d'intérêt général engagée par un État : routes, canaux, ponts, voies ferrées, ports, aéroports, centrales...

Gothique (architecture)
Style apparu en Île-de-France dans la seconde moitié du XIIe siècle puis étendu à l'Europe occidentale, caractérisé par une élévation des murs et des voûtes, un amincissement des piliers, un agrandissement des fenêtres, des vitraux colorés et un décor foisonnant.

Haute technologie
Ensemble de procédés faisant appel aux découvertes scientifiques les plus récentes et appliqués, en architecture, aux matériaux et aux techniques de construction.

Jaspe
Roche aux couleurs vives mêlées (jaune, rouge, vert...).

Haut-relief
Sculpture réalisée en forte saillie sur la paroi d'un édifice.

Levier
Élément rigide (barre en métal, par exemple) qui, placé en appui, permet de soulever une charge.

Mâchicoulis
Galerie construite en saillie au sommet d'un rempart, d'un donjon ou d'une tour et comportant des

ouvertures sur sa partie inférieure afin d'observer l'ennemi ou de faire tomber sur lui des projectiles.

Mortaise
Voir *Tenon*.

NASA
Organisme américain fondé en 1958, chargé de diriger et de coordonner les recherches aéronautiques et spatiales civiles aux États-Unis.

Néogothique (architecture)
Style caractéristique du XIXe siècle européen, qui reprend, parfois en les poussant à l'extrême, les formes de l'architecture gothique (*voir ce mot*).

Ogive
Arc en pierre construit en diagonale sous une voûte pour la soutenir. La croisée d'ogives (croisement de deux ogives) permet de reporter le poids de la voûte sur les quatre piliers.

Ordres (architecture)
Concerne la forme d'une colonne et d'un chapiteau (*voir ce mot*). Les Grecs ont inventé trois ordres : dorique, ionique et corinthien. Le premier désigne une colonne dépourvue de base et un chapiteau sans décoration ; le deuxième, une colonne dotée d'une base et d'un chapiteau flanqué de deux volutes ; le troisième, une colonne pourvue d'une base et d'un chapiteau décoré de feuilles d'acanthe sculptées.

Ouvrage d'art
Construction de grande ampleur – route, pont, viaduc, tunnel, canal... – destinée à établir une voie de communication.

Pipeline
Canalisation destinée à acheminer le pétrole ou le gaz depuis le site d'extraction jusqu'à la raffinerie, et pouvant traverser plusieurs pays.

Porphyre
Roche en général de couleur rouge foncé, incrustée de cristaux blancs.

Portique
Galerie située au rez-de-chaussée d'un édifice et pourvue d'arcades ou de colonnes.

Poulie
Roue fixée à un axe et autour de laquelle on fait s'enrouler une corde afin de soulever des charges.

Puits de lumière
Ouverture (vitrée ou non) pratiquée dans une toiture afin d'éclairer la pièce située en dessous.

Renaissance (architecture)
Style apparu à la fin du XVe siècle en Italie. En architecture, il s'inspire des formes de l'Antiquité romaine et utilise, pour la décoration, des thèmes mythologiques et des nus sculptés.

Rococo (architecture)
Style en vogue au XVIIIe siècle en Europe, mélangeant des formes empruntées au baroque (*voir ce mot*) et des motifs décoratifs évoquant la forme tarabiscotée de certains coquillages.

Romane (architecture)
Style apparu à la fin du Xe siècle en Europe. Les charpentes en bois font place à des voûtes en pierre reposant sur des piliers massifs et des murs épais, eux-mêmes renforcés par des contreforts (*voir ce mot*). Le décor sculpté se concentre sur les chapiteaux (*voir ce mot*) et les façades.

Stuc
Enduit mural constitué de plâtre fin et de poussière (de craie ou de marbre) agglomérés avec de la colle et imitant le marbre.

Stûpa
Élément architectural qui, en Asie du Sud-Est, prend la forme d'une pagode ou, lorsqu'il orne les temples, d'une cloche. Il commémore la mort du Bouddha.

Système à éclipses
Dans les phares, système permettant de diffuser de la lumière par intermittence.

Tenon
Technique d'assemblage de deux éléments par encastrement d'une partie taillée en saillie (tenon) dans une partie taillée en creux (mortaise).

Terrassement
Action de creuser un sol, de le remuer et d'en extraire la terre afin d'en modifier le relief. Les pelleteuses, les bulldozers et les excavatrices sont des engins de terrassement.

Trilithe
Monument mégalithique en forme de porte constitué d'un assemblage de trois grandes pierres.

Tuffeau
Variété de calcaire poreux et généralement blanc, qui durcit à l'air.

Urbanisme
Science et ensemble de techniques destinés à adapter l'habitat des agglomérations à la fois aux contraintes naturelles du terrain et aux besoins des hommes. L'organisation d'une ville répond ainsi à des règles d'urbanisme, notamment pour la largeur des rues, la hauteur des immeubles, la présence de commerces et d'espaces verts...

Index

Abou Simbel, temple d' 46
Aigues-Mortes, cité fortifiée d' 56
Akashi-Kaikyo, pont 32
Aldrin, Edwin 75
Alexandre III 28
Alexandrie, phare d' 11, 42
Alhambra 27
Amboise, château d' 8
Amsterdam, canaux de drainage d' 34
Ancienne Galerie nationale 54
Angkor Vat, sanctuaire d' 21
Appienne, voie 28
Arc de Triomphe de la place de l'Étoile 19
Arche de la Défense 9, 19
Arecibo, radiotélescope d' 45
Armstrong, Neil 75
Arromanches, port artificiel d' 36
Artémis, temple d' 11
Assouan, barrage d' 46
Atlantique, mur de l' 58
Auguste 66
Aurélienne, voie 28
Avignon, pont d' 32
AZ, île flottante 73
Babylone, jardins suspendus de 10
Babylone, ziggourat de 68
Baie James, barrage de la 46
Bartholdi, Frédéric-Auguste 11, 17
Berlin, mur de 58
Bienvenüe, Fulgence 40
Bonaguil, château de 61
Bonaparte, Napoléon 54
Borobudur, temple de 21
Brandebourg, porte de 18
Briare, pont-canal de 8
British Museum 54
Brouage, cité fortifiée de 56
Burj al-Arab, hôtel de la 70
Carcassonne, cité fortifiée de 56
Carnac, menhirs de 12
Carthage 36
Catherine Ire 63
Centre Pompidou 9, 54
Cerro Paranal, observatoire du 44
César, Jules 66
Chah Djahan 15
Chambord, château de 8, 62
Champlain, Samuel 56

Champollion, Jean-François 54
Charles Quint 62
Château-Gaillard 61
Chichén Itzà, observatoire de 44
Chine, grande muraille de 58
Chrysler Building 7
Cité Radieuse 9
Cnossos, palais de 26
Colisée 52
Cologne, cathédrale de 23
Concorde, obélisque de la place de la 19
Concordia, base scientifique de 45
Constantin 19, 23, 24, 53
Constantin, arc de 18
Cordouan, phare de 43
Cordoue, Grande Mosquée de 24
Corinthe, canal de 34
Cousteau, commandant 72
Cuzco 64
Darius Ier 65
Deir el-Bahari, temple de 20
Deira, île artificielle de 70
Djenné, Grande Mosquée de 25
Djoser 8, 14
Eiffel, Gustave 8, 17, 30, 69
Eiffel, tour 8, 30, 68
Effelsberg, radiotélescope d' 45
Émilienne, voie 28
Empire State Building 69
Éolien, parc 48
Éperlecques, blockhaus d' 59
Épidaure, théâtre d' 52
Eurotunnel *voir* Manche, tunnel sous la
Flaminienne, voie 28
Foster, Norman 9, 31
France, stade de 53
François Ier 8, 55, 62
Freyssinet, Eugène 8
Gal Vihara, bouddhas de 16
Garabit, viaduc de 8, 30
Gard, pont du 30
Gaudí, Antonio 8
Gehry, Frank 9, 54
Golden Gate 33
Greenbank, radiotélescope de 45
Guggenheim, musée (Bilbao) 54
Guggenheim, musée (New York) 55
Guimard, Hector 40

Guizeh, pyramides de 6, 10, 14
Hadrien, mur d' 59
Hagar Qim, temples de 13
Halicarnasse, mausolée d' 11
Hassan II, mosquée 25
Hatchepsout 20
Henri IV 43
Hibernia, plate-forme pétrolière 50
Hongkong, port de 37
Hydropolis 73
Île de Pâques, statues de l' 17
Imhotep 8, 14
ISS *voir* Station spatiale internationale
Itaipu, barrage d' 47
Ivan IV, dit le Terrible 22
Jaipur, observatoire de 45
Jebel Ali, île artificielle de 70
Jéricho 64
Jodhpur, citadelle de 56
Jumeirah, île artificielle de 70
Justinien 24
Kairouan, Grande Mosquée de 24
Keck, observatoire du 44
Khéops 10, 14
Khéops, pyramide de 6, 10, 14, 55
Khéphren, pyramide de 10, 14
Kiel, canal de 35
Krak des chevaliers 60
La Valette, port fortifié de 59
Le Corbusier 8
Leptis Magna 66
Lesseps, Ferdinand de 34
Liberté, statue de la 8, 11, 17
Londres, hôtel de ville de 9
Londres, métro de 40
Louis II de Bavière 63
Louis XIII 62
Louis XIV 62
Louvre, pyramide du 55
Louvre, musée du 55
Louvre, palais du 55, 62
Louxor, temple de 16
Lucius Verus 18
Machu Picchu 64
Mahomet 24, 27
Manche, tunnel sous la 33, 38
Maracana, stade 53
Marc Aurèle 18

Marc-Aurèle, arc de 18
Mausole 10
Maxence 19
Mehmet le Conquérant 27
Merveilles du monde 10, 47
Mies van der Rohe, Ludwig 8
Millau, viaduc de 9, 30
Mir, station 74
Mnajdra, temples de 13
Molière 62
Mont-Blanc, tunnel du 38
Montfort, chevalier de 56
Mont-Saint-Michel, abbaye du 23
Moscou, métro de 41
Mosquée Bleue 25
Murat IV 27
Mykérinos, pyramide de 10, 14
Nabuchodonosor II 10
Napoléon 19, 41, 55
Napoléon III 55
Nasser, lac artificiel 46
Neuschwanstein, château de 63
New York, métro de 41
Nicolas II 28
Nîmes, arènes de 53
Nogent-sur-Seine, centrale nucléaire de 49
Normandie, pont de 8, 32
Norvège, fjords de 51
Notre-Dame de Chartres 23
Nouvel, Jean 9
Öresund, pont-île-tunnel d' 32
Orsay, musée d' 55
Otis, Elisha 69
Pagan, temples et stûpas de 21
Panamá, canal de 34
Panthéon de Paris 15
Paris, métro de 40
Parthénon 20
Pei, Ieoh Ming 55
Pergame, musée de 54
Persépolis 64
Pétra, tombeaux et temples de 14
Petronas, tours 69
Petronius, tour de forage fixe 51
Phidias 10
Philae, temple de 46
Philippe-Auguste 55, 61
Piano, Renzo 9

Pic du Midi, observatoire du 45
Pierre le Grand 7
Pise, tour penchée de 68
Poliakov, Valeri 74
Ptolémée Ier 11
Puy, Raymond du 60
Qâyt-Bay 42
Qin Shi Huang 58
Quai Branly, musée du 9
Rance, usine marémotrice de la 49
Rastrelli, Bartolomeo 63
Reichstag, coupole du 9
Reykjavik, chauffage géothermique de 49
Rhodes, colosse de 11
Richard Cœur de Lion 61
Richelieu 56
Rogers, Richard 9
Rotterdam, port de 37
Rougerie, Jacques 72
Route 66 29
Sagrada Familia 8
Saint Louis 56
Saint-Basile, église 22
Saint-Bénezet, pont voir Avignon, pont d'
Saint-Gothard, tunnel du 39
Saint-Marc, basilique 22
Saint-Pétersbourg 7
Saint-Pierre de Rome, basilique 23
Sainte-Sophie 6, 11, 24
Saladin 60
San Agustín, statues de 17
Saqqarah, pyramide à degrés de 8, 14
Schönbrunn, château de 63
Sea Orbiter 72
Ségovie, aqueduc de 30
Sei-Kan, tunnel sous-marin de 39
Selim Ier 27
Selimiye, mosquée 8
Septime Sévère 19, 66
Septime Sévère, arc de 19
Shanghai, port de 37
Shanghai, tour bionique de 70
Shimizu, hôtel 75
Sinan 8, 25, 26
Singapour, port de 37
Ski dôme 71
Sokkuram, grotte de 16
Soliman le Magnifique 26

Soufflot, Germain 15
Spreckelsen, Johan Otto von 9
Station spatiale internationale 74
Stonehenge, cromlech de 12
Suez, canal de 7, 34
Süleymaniye, mosquée 8
Sydney, opéra de 53
Taipei 101, gratte-ciel 69
Taj Mahal 14
Targassonne, centrale solaire de 49
Tarxien, temples de 13
Tchoga Zambil, ziggourat de 68
Tenochtitlán 65
Teotihuacán, temples-pyramides de 21
Têtes colossales olmèques 17
The World, archipel 71
Tikal 65
Titus 18
Titus, arc de 18
Topkapi, palais de 26
Trajan 30
Transamazonienne, route 29
Transcanadienne, route 29
Transsibérien, voie ferrée du 28
Trois-Gorges, barrage des 46
Tsarskoïe Selo, palais de 63
Twin Towers 69
Ur, ziggourat d' 68
Utzon, Jørn 53
Vauban, Sébastien Le Prestre de 56, 61
Venise, canaux de drainage de 34
Verne, Jules 8, 43, 70, 72
Versailles, château de 62, 67
Vespasien 18
Village sous-marin 72
Vinci, Léonard de 8, 55, 62
Viollet-le-Duc, Eugène 56
Wizernes, blockhaus de 59
Wright, Frank Lloyd 55
Xerxès 65
X-Seed 4 000, tour 71
Zeus, statue de 10
Zoppini, Jean-Philippe 73

Références iconographiques

1ʳᵉ de couverture, dessin : Ch. Jégou ; hg : World Pictures/SUNSET ; hd : World Pictures/SUNSET – 4ᵉ de couverture hd : W. Forman/AKG-IMAGES – page de titre : L. Goldman/RAPHO – photo de la frise, bas de page : R. Decker/Photononstop – 3 bd : L. Favreau – 4 mg : L. Favreau ; hd : R. T. Nowitz/CORBIS ; bd : H. Champollion/AKG-IMAGES – 5 mg : H. Champollion/AKG-IMAGES ; hd : C. Lebedinski/C&E ; bd : Crescent Hydropolis Qingdao Ltd. – 6 h : AKG-IMAGES – 7 bg : M. Gounot/GODONG, Ph. Lissac/GODONG, P. Deloche/GODONG, P. Deloche/GODONG, P. Deloche/GODONG ; hd : Bettmann/CORBIS – 8 h : Underwood & Underwood/CORBIS ; b : H. Champollion/ AKG-IMAGES – 9 h : R. Leslie/HOA-QUI ; b : G. V. P./Age Fotostock/HOA-QUI – 10-11 : L. Favreau – 12 : E. Lessing/ AKG-IMAGES – 13 hd : J.-D. Sudres/TOP ; mg : AKG-IMAGES ; b : R. Mulder/GODONG – 14 b : S. Held/ AKG-IMAGES ; m : INKLINK – 15 g : World Pictures/SUNSET ; d : R. T. Nowitz/CORBIS – 16 : F. Maruéjol – 17 mg : World Pictures/SUNSET ; hd : A. Hornak/CORBIS ; bd : W. Forman/AKG-IMAGES – 18 mg : A. Jemolo/AKG-IMAGES ; hd : R. Wood/CORBIS ; bd : Ullstein Bild/AKG-IMAGES – 19 h : Age Fotostock/HOA-QUI ; b : V. Pirozzi/AKG-IMAGES – 20 g : J.F. Raga/CORBIS ; d : R. Hackenberg/AKG-IMAGES – 21 m : M. T. Sedam/CORBIS ; b : J. Sierpinski/TOP ; h : L. Tettoni/ IMAGESTATE/GHFP – 22 g : W. Manning/CORBIS ; d : AKG-IMAGES – 23 h : J. F. Raga/Age Fotostock/HOA-QUI ; b : B. Morandi/R. Harding World Imagery/CORBIS – 24 h : A. Wright/CORBIS ; b : J.-L. Nou/AKG-IMAGES – 25 h : Spedallere ; b : G. Hellier/JAI/CORBIS – 26-27, dessin : L. Favreau ; 26 g : Giraudon, Topkapi Palace Museum, Istanbul, Turkey/The Bridgeman Art Library – 27 g : Atlantide S.N./Age Fotostock/HOA-QUI ; d : Roland & Sabrina Michaud/RAPHO – 28 g : P. Milner/SONIA HALLIDAY PHOTOGRAPHS ; d : W. Kaehler/CORBIS – 29 g : H. Collart/CORBIS SYGMA ; d : Photo Bank Yokohama/HOA-QUI – 30 h : A. Copson/JAI/CORBIS ; md : F. Chazot/EXPLORER/HOA-QUI (photo publiée avec l'autorisation de la RFF, propriétaire du viaduc de Garabit) ; bd, dessin : B. Charles – 31 : Ch. Jégou – 32 h : F. Cateloy/HOA-QUI ; md : G. Morand-Grahame/HOA-QUI/CharlesLavigne, Architecte/Yann Kersalé pour la mise en lumière ; bd, dessin : B. Charles – 33 hd : K. Falbe-Hansen/Ove Arup & Partners ; md, dessin : B. Charles ; b : K. Collie/AKG-IMAGES – 34 g : Bettmann/CORBIS ; d : Bettmann/CORBIS – 35 h : J. Blair/CORBIS ; b : A. Copson/Age Fotostock/HOA-QUI – 36-37 : D. Mackie/IMAGESTATE/GHFP – 38 h : Ph. Charliat/RAPHO/Eurotunnel ; b, dessins : B. Charles – 39 : Ph. Unterschütz/Alp Transit Gotthard SA – 40 h : P. Libera/CORBIS ; b : H. Champollion/AKG-IMAGES – 41 h : L. K. Meisel Gallery Inc./CORBIS ; b : D. G. Houser/CORBIS – 42-43 : dessin : A. Ricciardi ; 43 d : N. Thibaut./HOA-QUI – 44 h : S. Brunier/S. Aubin/A. Fujii/C&E ; b : ESO/C&E – 45 h : C. Lebedinski/C&E ; b : J. Blair/CORBIS/Pic du Midi – 46-47 : Du Huaju/Xinhua Press/CORBIS – 47 b, dessin : S. Di Meo/F. D'Ottavi – 48 : M. Bond/S. P. L./COSMOS – 49 hg : G. Halary/RAPHO ; bg : R. T. Nowitz/CORBIS ; hd : G. Sioen/RAPHO ; bd : D. Cordier/SUNSET – 50-51 : J. Jones/IMAGESTATE/GHFP – 51 b, dessins : B. Charles – 52 h : Free Agents Limited/CORBIS ; b : J. F. Raga/CORBIS – 53 hg : V. & F. Sarano photos ; bg : S. Giampia ; bd : B. Annebicque/CORBIS SYGMA/ADAGP, Paris 2007/Macary-Zublena & Regembal, Costantini Architectes – 54 h : E. Streichan/zefa/CORBIS ; b : P. Durand/CORBIS SYGMA – 55 mg : B. Annebicque/CORBIS SYGMA ; hd : B. Annebicque/CORBIS SYGMA ; bd : L. Goldman/RAPHO – 56-57 : dessin : E. Étienne ; 56 b : M. Bernard – 58 : K. Su/CORBIS – 59 : mg : Rex Interstock/SUNSET ; hd : Bettmann/CORBIS ; bd : AKG-IMAGES – 60-61 : D. Scott/Age Fotostock/HOA-QUI – 61 hg, gravure (1871) : G. Rey – 62 h : J.-P. Lescourret/EXPLORER/HOA-QUI ; b : H. Champollion/AKG-IMAGES – 63 h : Free Agents Limited/CORBIS ; m : W. Buss/Age Fotostock/HOA-QUI – 64 h : Bettmann/CORBIS ; b : J. Slater/CORBIS – 65 h : A. Wright/CORBIS ; b : W. Buss/HOA-QUI – 66-67, dessin : S. Giampia ; photos : V. & F. Sarano – 68 g : Bildarchiv Monheim/AKG-IMAGES ; m : S. Giampia – 69 h : AKG-IMAGES ; m : A. Jemolo/AKG-IMAGES ; b : FINAPROD/GAMMA – 70 g : J. F. Raga/CORBIS ; d : Ph. Renault/GAMMA/Hachette Photos Presse – 71 g : S. Kuykendal/CORBIS ; b : C. & L. Hyndryckx/ Sc.&Vie Junior ; d : C. & L. Hyndryckx/Sc.&Vie Junior – 72 g : Créations J. Rougerie ; d : Créations J. Rougerie – 73 h : Crescent Hydropolis Resorts PLC ; b : L. Hyndryckx/Sc.& Vie Junior – 74-75 : ESA/NASA.

Les pictogrammes illustrant la frise ont été dessinés par Nicolas Julo.

Remerciements à Alp Transit Gotthard SA, Ciel & Espace, Crescent Hydropolis Resorts PLC, ESA, Klaus Falbe-Hansen, Jacques Rougerie-Architecte.

Les images **DVD** sont extraites du film *La Grande Pyramide* (BBC).

VOIR LES ANIMAUX

- Nos cousins, les primates
- Les dinosaures attaquent
- Espèces en danger
- Redoutables prédateurs
- Étonnants insectes
- Les mammifères disparus
- Sous l'œil des rapaces
- Sur la piste des ours
- Les pouvoirs secrets des animaux
- Surprenants serpents et lézards
- Poneys et chevaux
- Sur les traces des félins
- En compagnie des loups
- Le requin, seigneur des mers
- L'univers des baleines et des dauphins

VOIR L'HISTOIRE

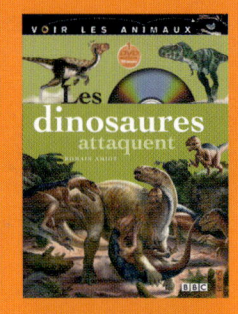

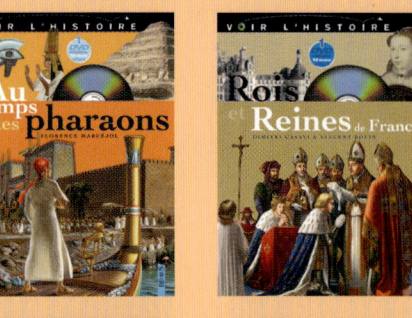

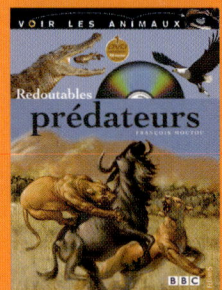

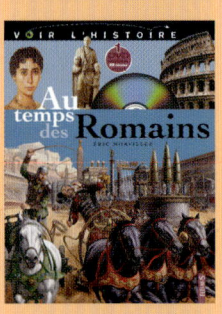

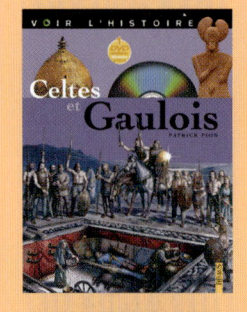

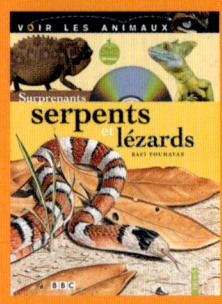

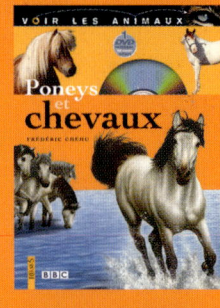

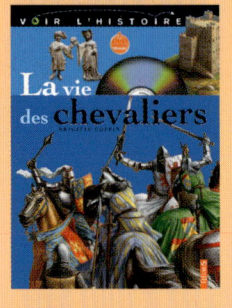

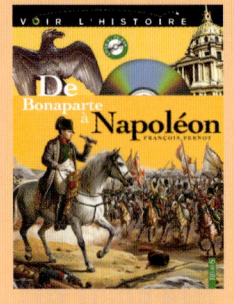

- La préhistoire
- Au temps des pharaons
- Rois et Reines de France
- Au temps du miracle grec
- Au temps des Romains
- La Chine impériale
- Celtes et Gaulois
- Des Olmèques aux Aztèques
- La vie des chevaliers
- La Renaissance
- De Bonaparte à Napoléon
- La Première Guerre mondiale
- La Seconde Guerre mondiale
- Corsaires et Pirates